ISW Forschung und Praxis

Berichte aus dem Institut für Steuerungstechnik
der Werkzeugmaschinen und Fertigungseinrichtungen
der Universität Stuttgart

Herausgeber: Prof. Dr.-Ing. G. Pritschow

Band 71

Gregor Häberle

NC-Musterprogrammierung für die rechnerintegrierte Textilfertigung

Springer-Verlag
Berlin Heidelberg New York
London Paris Tokyo 1988

D 93

Mit 53 Abbildungen

ISBN-13: 978-3-540-18948-0   e-ISBN-13: 978-3-642-46628-1
DOI: 10.1007/978-3-642-46628-1

Das Werk ist urheberrechtlich geschützt. Die dadurch begründeten Rechte, insbesondere die der Übersetzung, des Nachdrucks, der Entnahme von Abbildungen,
der Funksendung, der Wiedergabe auf photomechanischem oder ähnlichem Wege
und der Speicherung in Datenverarbeitungsanlagen bleiben, auch bei nur auszugs-
weiser Verwendung, vorbehalten.
Die Vergütungsansprüche des § 54, Abs. 2 UrhG werden durch die
„Verwertungsgesellschaft Wort", München, wahrgenommen.

© Springer-Verlag, Berlin, Heidelberg · 1988

Die Wiedergabe von Gebrauchsnamen, Handelsnamen, Warenbezeichnungen usw. in
diesem Werk berechtigt auch ohne besondere Kennzeichnung nicht zu der Annahme.
daß solche Namen im Sinne der Warenzeichen- und Markenschutz-Gesetzgebung als
frei zu betrachten wären und daher von jedermann benutzt werden dürften.
Sollte in diesem Werk direkt oder indirekt auf Gesetze, Vorschriften oder Richtlinien
(z. B. DIN, VDI, VDE) Bezug genommen oder aus ihnen zitiert worden sein, so kann der
Verlag keine Gewähr für Richtigkeit, Vollständigkeit oder Aktualität übernehmen. Es
empfiehlt sich, gegebenenfalls für die eigenen Arbeiten die vollständigen Vorschriften
oder Richtlinien in der jeweils gültigen Fassung hinzuzuziehen.

Gesamtherstellung: Druckerei Kuhnle, Esslingen

2362/3020-543210

Geleitwort des Herausgebers

In der Reihe „ISW Forschung und Praxis" wird fortlaufend über Forschungs-
ergebnisse des Instituts für Steuerungstechnik der Werkzeugmaschinen und
Fertigungseinrichtungen der Universität Stuttgart (ISW) berichtet, das sich in
vielfältiger Form mit der Weiterentwicklung des Systems Werkzeugmaschine
und anderer Fertigungseinrichtungen beschäftigt. Die Arbeiten dieses Instituts
konzentrieren sich im besonderen auf die Bereiche Numerische Steuerungen,
Prozeßrechnereinsatz in der Fertigung, Industrierobotertechnik sowie Meß-,
Regel- und Antriebssysteme, also auf die aktuellsten Bereiche der Fertigungstechnik. Dabei stehen Grundlagenforschung und anwenderorientierte
Entwicklung in einem stetigen Austausch, wodurch ein ständiger Technologie-
transfer zur Praxis sichergestellt wird.

Die Buchreihe erscheint in zwangloser Folge und stützt sich auf Berichte über
abgeschlossene Forschungsarbeiten und Dissertationen. Sie soll dem Inge-
nieur bei der Weiterbildung dienen und ihm Hilfestellungen zur Lösung spezifi-
scher Probleme geben. Für den Studierenden bietet sie eine Möglichkeit zur
Wissensvertiefung. Sie bleibt damit unter erweitertem Namen und neuer Her-
ausgeberschaft unverändert in der bewährten Konzeption, die ihr der Gründer
des ISW, der leider allzu früh verstorbene Prof. Dr.-Ing. G. Stute, im Jahre 1972
gegeben hat.

Der Herausgeber dankt der Druckerei für die drucktechnische Betreuung und
dem Springer Verlag für Aufnahme der Reihe in sein Lieferprogramm.

G. Pritschow

<u>Vorwort</u>

Die vorliegende Arbeit entstand während meiner Tätigkeit als wissenschaftlicher Mitarbeiter am Institut für Steuerungstechnik der Werkzeugmaschinen und Fertigungseinrichtungen (ISW) der Universität Stuttgart.

Herrn Prof. Dr.-Ing. G. Pritschow gilt mein besonderer Dank für das Interesse an meiner Arbeit, die wohlwollende Unterstützung und die Anregungen während der Entstehungszeit. Ebenso danke ich Herrn Prof. Dr.-Ing. A. Storr sowie Herrn Dr.-Ing. B. Walker für ihre sehr hilfreichen Anregungen.

Herrn Prof. Dr.-Ing. G. Egbers danke ich für seine Bereitschaft, den Mitbericht zu übernehmen.

Darüber hinaus möchte ich mich bei allen Mitarbeiterinnen und Mitarbeitern des Instituts bedanken, die meiner Arbeit durch anregende Kritik und Diskussionen zusätzliche Impulse verliehen haben. Mein Dank gilt ferner Herrn Ing. W. Kaselitz und Herrn Dipl.-Ing.(FH) G. Maile, die mich in vielfältiger Weise unterstützt haben.

Gregor Häberle

Inhaltsverzeichnis

Abkürzungen

APT	Automatically Programmed Tools
AV	Arbeitsvorbereitung
BASIC	Beginners All-Purpose Symbolic Instruction Code
BNF	Backus-Naur-Form
BSEA	Bedienungs- und Steuerdatenein-/ausgabe
CAD	Computer Aided Design
CAM	Computer Aided Manufacturing
CAP	Computer Aided Planning
CIM	Computer Integrated Manufacturing
CLDATA	Cutter Location Data
DIN	Deutsches Institut für Normung e.V.
DNC	Direct Numerical Control
EXAPT	Extended Subset of APT
IGES	Initial Graphics Exchange Spezification
mpst	Mehrprozessor-Steuersystem
NC	Numerical Control
PASCAL	Höhere Programmiersprache (benannt nach B. Pascal)
PROCOL	Programming of Contours with Liaisons
PC	Personal Computer
RID	Rechnerinterne Darstellung
VAX	Virtuell Adress Extension (Rechenanlage, Fa. Digital Equipment)
VDAFS	Verband deutscher Automobilhersteller - Flächenschnittstelle

1 <u>Einleitung</u>

Die Erfindung der Jacquardmaschine im Jahre 1805 durch Joseph-Marie Jacquard war für die automatische Fertigung gemusterter Textilwaren von sehr großer Bedeutung / 1/. Eine an bestimmten Stellen mit Löchern versehene Pappkarte (Lochkarte) steuerte diese Jacquardmaschine, die ihrerseits das Heben bzw. das Senken der Kettfäden einer Webmaschine veranlaßte. Die Lochkarte war der Datenträger für das zu fertigende Muster. Die Abtastung eines Loches bewirkte das Heben eines Kettfadens, während ein fehlendes Loch die Senkung bedeutete. Durch den Einsatz der Jacquardmaschinen wurde die Produktion der damaligen Webstühle wesentlich erhöht. Die Anwendung der Lochkarte durch Jacquard war jedoch nicht nur für die Webtechnik, sondern ganz allgemein für die Datenverarbeitung richtungsweisend.

Durch die rasche Entwicklung der Mikroelektronik hat sich die numerische Steuerung (NC) auf dem Werkzeugmaschinensektor heute durchgesetzt. Bei Textilmaschinen trifft dies allerdings noch nicht in allen Bereichen zu /2,3,4/. Infolge des Einsatzes einer numerischen Steuerung wird die Flexibilität einer Anlage, d.h. das schnellere Umrüsten auf ein anderes zu fertigendes Teil, wesentlich erhöht /5,6,7/. Dies ist besonders bei kleinen Losgrößen von Bedeutung /8/. Auch für Textilmaschinen sind diese Erkenntnisse zutreffend /9,10,11/.

Die Losgrößen bei Textilwaren werden aufgrund des menschlichen Strebens nach individueller Bekleidung im wesentlichen von
- der Qualität der verwendeten Garne,
- den verwendeten Garnfarben,
- den Konfektionsgrößen,
- den Formen und
- den Mustern
bestimmt. Für die Herstellung von Textilien kleiner Losgrößen

gehen vor allem
- die Zeiten des Musterentwurfs,
- die Zeiten der Musterdatengenerierung für einen geeigneten
  Musterdatenträger sowie
- die zur Umrüstung auf Teile mit anderen Mustern erforder-
  lichen Maschinenstillstandszeiten
in die Kostenkalkulationen ein.

Im Bereich der Werkzeugmaschinen ist die Automatisierung
nicht nur durch den Einsatz numerischer Steuerungen, sondern
auch durch den Einsatz von Programmiersystemen in Verbindung
mit CAD-Systemen zur rechnerunterstützten Erstellung von
NC-Steuerdaten geprägt /12/. Zur Zeit sind vermehrt An-
strengungen für das Verwirklichen von CIM-Konzepten vorhan-
den, um die Produktivität, Flexibilität und Produktqualität
noch weiter zu steigern. CIM stellt die Aufgabe, den Informationsfluß mittels durchgängiger Vernetzung aller Rechenanla-
gen in allen mit der Produktion zusammenhängenden Betriebsbe-
reichen zu automatisieren /13,14/. Das Vorhandensein offener
Systeme (vom Anwender erweiterbare Systeme) ist hierzu wün-
schenswert.

Ziel dieser Arbeit war es, ausgehend von der Analyse der
Anforderungen, ein Konzept für eine NC-Programmierung textiler Flächen zu entwickeln, das zur Realisierung offener
Systeme beiträgt. Die erarbeitete Lösung war in eine numerische Steuerung auf der Basis des modularen Mehrprozessor-
Steuersystems mpst /15/ zu integrieren und an einer Einfaden-
Flachwirkmaschine zu erproben. Dieses Konzept trägt dazu bei,
die Produktivität und Flexibilität von Textilmaschinen, speziell von Webmaschinen, Wirkmaschinen und Strickmaschinen,
durch eine rechnerintegrierte Fertigung zu erhöhen.

2   Einführung in die Problematik der textilen Musterherstellung

2.1   Textile Fertigungsverfahren

Bei Textilwaren bezeichnet man das Auftreten von Figuren oder anderen geometrischen Elementen als Muster (Musterungen)/16/. Die textilen Fertigungsverfahren Weben, Wirken und Stricken unterscheiden sich erheblich voneinander /17 bis 21/ (Tabelle 2.1 und Anhang). Eine Betrachtung der Merkmale der genannten Fertigungsverfahren in Hinblick auf den Entwurf eines Programmierverfahrens macht allerdings einige Gemeinsamkeiten deutlich. So ist diesen Fertigungsverfahren gemeinsam, daß die Musterherstellung reihenweise erfolgt und daß dabei sehr viele Einrichtungen auf verschiedene Art und Weise sowie zu unterschiedlichen Zeitpunkten anzusteuern sind.

Für den Entwurf eines Programmierverfahrens bedeutet dies, daß an der Schnittstelle zum Programmierer aus Gründen des Programmierkomforts diese Einrichtungen und ihre zeitlichen Arbeitseinsätze nicht einzeln programmiert werden dürfen. Vielmehr müssen für eine mustergerechte Ansteuerung dieser Einrichtungen die notwendigen Steuerdaten aus den Musterdaten rechnerunterstützt ermittelt werden. Dies hat zur Folge, daß in die Entwicklung eines Programmiersystems sehr umfangreiches Wissen über die Fertigungsabläufe einfließen muß.

2.2   Aufbau der Muster

Textile Muster entstehen durch das Variieren der Bindungsanordnungen (Anhang) sowie der Garnfarben. Unterscheidungsmerkmale sind daher hauptsächlich Bindungen und Konturen. Aufgrund der technischen Möglichkeit Garne so verarbeiten zu können, daß Garnschichten entstehen, ist auch nach Musterschichten zu unterscheiden.

Verfahren \ Merkmale	Weben	Wirken	Stricken
Bindungsherstellung	Fachbildung (Anhebung einzelner Kettfäden) zum Verkreuzen der Kett- u. Schußfäden. SWM:Fachbildung mittels Schäften. JWM:Fachbildung mittels Harnischschnüren.	Maschenbildung durch gemeinsam bewegte Nadeln (200 bis 500). EFM: Faden verläuft in Richtung einer Masche. FKM: Viele Fäden in Längsrichtung, seitliches Versetzen der Legebarren.	Maschenbildung durch gemeinsam bewegte Nadeln (z.B. 800). Flachstrickmaschine: Faden verläuft in Richtung einer Maschenreihe. Schlitten verfährt entlang dem Nadelbett.
Fertigungszeit für eine Reihe	ca. 0,05 s	EFM: ca. 0,7 s FKM: ca. 0,03 s	ca. 2,5 s
Vor der Fertigung durchzuführende Arbeiten (Beispiele)	Schußfäden bereitstellen, Kettfäden in Webblatt einziehen. SWM: Schäfte mit Kettfäden belegen. JWM: Harnischschnüre den Kettfäden zuordnen.	EFM: Fäden in Fadenführer einziehen,Preßmusterwalze, Petineteinrichtung einstellen FKM: Harnischschnüre Kettfäden zuordnen, Musterkette zusammenstellen, Musterräder herstellen.	Fäden in Fadenführer einziehen.
Während der Fertigung anzusteuernde Einrichtungen (Beispiele)	Exzenterwelle, Einrichtung zur Auswahl des Schußfadens, Kettbaum, Webblatt, Warenabzug. SWM: Schäfte (bis zu 30), JWM: Harnischschnüre (ca. 1500).	Exzenterwelle, Warenabzug. EFM: Nadelbarre, Fadenführer, Kulierkurve, Deck-, V-Deckeinrichtung, Preßmusterwalze, Petineteinrichtung. FKM: Legebarren (bis zu 78), Nadelbarre, Harnischschnüre (ca. 1500).	Schlitten, Schloßteile (Fangteil, Austriebsteil, Abzugsteile), Fadenführer, Nadelbetten, Warenabzug.

<u>Tabelle 2.1</u>: Textile Fertigungsverfahren
(EFM: Einfaden-Flachwirkmaschine, FKM: Flach-Kettenwirkmaschine, JWM: Jacquardwebmaschine, SWM: Schaftwebmaschine)

Von der Werkzeugmaschinenbranche sind die Begriffe Geometriedaten und Technologiedaten bekannt /12/. Dabei bestimmen die
Geometriedaten die Form eines Werkstücks; die Technologiedaten hingegen legen die Art der Bearbeitung und damit die
Oberfläche bzw. die Qualität des Werkstücks fest.

Diese Begriffe lassen sich auf die Herstellung textiler
Muster übertragen. Die Bindungselemente in einem Muster sorgen für dessen technischen Zusammenhalt /22,23,24/. Aus diesem Grund ist die Technologie eines Musters von seiner
Bindung bestimmt. Bindungsdaten gehören deshalb zu den
Technologiedaten. Während aber die Technologiedaten bei NC-
Werkzeugmaschinen sehr begrenzt in die Konstruktion des zu
fertigenden Teiles eingehen, müssen die Bindungsdaten jedoch
im Musterentwurf, d.h. in der "Konstruktion" des Musters,
berücksichtigt werden. Sie bestimmen hier weniger die Qualität eines Produktes, vielmehr tragen sie zu dessen Aufbau
bei.

Die Konturen textiler Muster legen deren Geometrie im wesentlichen fest und sind daher mit den Geometriedaten der Fertigung ebener Teile bei NC-Werkzeugmaschinen vergleichbar. Die
Geometriebestimmung bei Mustern ist der bei Teilen, z.B. in
der blechbearbeitenden Fertigung, sehr ähnlich. Figuren bzw.
geometrische Elemente in textilen Flächen, im folgenden Flächenmuster genannt, lassen sich grundsätzlich mittels mathematischer Gleichungen beschreiben. Allerdings kann die mathematische Beschreibung von beliebig verlaufenden Flächen-
mustern sehr kompliziert sein. Deshalb muß nach einer Beschreibungsform gesucht werden, mit der auch solche Flächen
einfach zu erfassen sind.

Ein geschlossener Linienzug, der eine Fläche umfährt, wird
nachfolgend als Flächenkontur oder einfach als Kontur bezeichnet. Besteht ein Muster- oder ein Flächenteil nur aus
einem Linienzug (offener Linienzug), so fällt auch dieser
unter den Begriff Kontur.

Textile Muster sind unabhängig vom Fertigungsverfahren in zwei Klassen einzuteilen, nämlich in
- einschichtige und in
- mehrschichtige
Muster. Für einschichtige Muster ist eine zweidimensionale Betrachtungsweise ausreichend. Mehrschichtige Muster besitzen ein Grundmuster und mehrere dem Grundmuster aufgesetzte bzw. unterlagerte Muster. Sie können, obwohl es sich um räumliche Gebilde handelt, mittels mehrerer einschichtiger Mustermodelle nachgebildet werden. Im folgenden werden aufgesetzte Muster und unterlagerte Muster aufgrund ihrer gleichen Modellbildung gemeinsam als überlagerte Muster bezeichnet.

Diese Betrachtungen zeigen, daß der Aufbau eines textilen Musters vom Fertigungsverfahren unabhängig ist. Für die genannten Fertigungsverfahren muß daher eine gleichartige Programmieroberfläche (Musterprogrammiersprache sowie Anwenderdialog) geschaffen werden können, sofern sie am Aufbau der Muster orientiert ist.

2.3 Methoden des Musterentwurfs

Üblicherweise entwirft ein Modedesigner zunächst eine Musterskizze. Dieser Skizze kommt eine zentrale Bedeutung zu, ähnlich der Entwurfszeichnung im Werkzeugmaschinenbau. Allerdings sind von dieser Skizze die zur Ansteuerung der Textilmaschine notwendigen Daten nicht abzulesen. Ein Musterzeichner muß deshalb, ausgehend von der Musterskizze, zuerst eine technische Zeichnung (Musterpatrone) erstellen (Patronieren, Anhang), bevor dann schließlich anhand dieser die Daten zur Steuerung der Textilmaschine (bei der NC-Maschine als NC-Steuerdaten bezeichnet) ermittelt werden können.

Von besonderer Bedeutung beim Patronieren ist das Rapportieren (Musterwiederholen). Man unterscheidet Bindungsrapporte und Musterrapporte. Eine in gleicher Weise wiederkehrende Folge einzelner Elemente (Bild 2.1) wird Rapport genannt

/25,26/. Durch das Berücksichtigen von Rapporten sind Muster in Form gekürzter Patronen darstellbar. Die erstellte Musterzeichnung enthält dann die verschiedenartigen Muster (Musterrapporte) nur je einmal. Darüber hinaus enthält sie Angaben für die Verkettung der Rapporte in Form von bestimmten Rapportzeichen. Eine andere Art des Musterentwerfens ist die des Arrangierens. Dabei ordnet der Musterzeichner bereits vorhandene Musterentwürfe bzw. Musterrapporte anders an, d.h. verdreht oder gegeneinander verschoben unter Berücksichtigung verschiedener "Rapportierungsrichtlinien" /26/. Diese Arbeiten erfolgen derzeit zunehmend an CAD-Arbeitsplätzen.

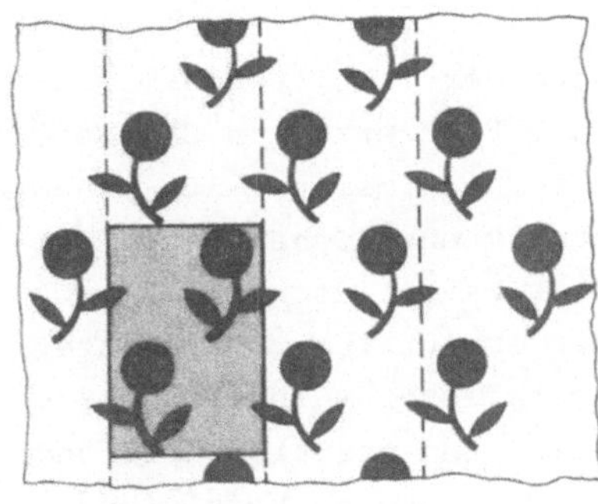

Schritte beim Rapportieren

1. Rapport festlegen durch
   - Länge,
   - Breite,
   - Motiv.
2. Gleichmäßig verteilten Rapport bestimmen durch
   - Startpunkt,
   - Anzahl Rapporte in Teilbreite,
   - Anzahl Rapporte in Teilhöhe.
3. Ungleichmäßig verteilte Rapporte bestimmen durch Startpunkte.

Bild 2.1: Musterbeschreibung mittels Rapportbildung

3 Rechnerunterstützte Musterprogrammierung

3.1 Stand der Technik

3.1.1 Grafische und optische Musterdateneingabe

Von grafischer Musterdateneingabe wird in dieser Arbeit gesprochen, wenn die Musterdaten mit CAD-Eingabegeräten /27/, wie z.B. Digitalisierer und Tablett, erfaßt werden. Eine optische Musterdateneingabe liegt dagegen bei Verwendung eines Scanners oder einer Kamera vor, wobei dann aber immer noch eine Nacharbeitung, beruhend auf grafischer Musterdateneingabe, notwendig ist. Da man unter Programmierung die Aufbereitung eines Problems für die automatische Behandlung durch den Automaten versteht /28/, ist die Musterdateneingabe als Bestandteil der Musterprogrammierung anzusehen.

Weben

Die komfortabelste Musterdateneingabe der Textiltechnik findet man in der Weberei (Bild 3.1). Die Farbwerte von Skizzen, Fotografien oder Bindungspatronen werden meist mit einem Scanner erfaßt und auf einem Magnetplattenspeicher abgelegt /29,30,31/. Ein CAD-Arbeitsplatz mit Farbbildschirm erlaubt daran anschließend, die vom Scanner ermittelten Farbmuster anzusehen, zu prüfen und mittels Digitalisierer zu verändern. Bildteile können hier neu befarbt bzw. neu positioniert und variiert werden (Drehen, Spiegeln, Vergrößern, Verkleinern, Vervielfachen, Verschieben). Zu gescannten Musterflächen müssen im Dialog zwischen Mensch und Rechner Angaben zur Bindung gemacht werden, sofern in die Musterflächen keine Bindungen in Form einer Patrone eingezeichnet sind. Dazu kann der Bedienungsmann zum einen auf ein im Rechner gespeichertes Bindungsarchiv zurückgreifen, zum anderen kann er auch mittels Digitalisierer und Tablett Bindungspatronen interaktiv erstellen, wobei er die Webmaschinenabläufe nicht näher kennen muß /30,32,33/. Hierbei wird ihm am Bildschirm ein Raster ähnlich dem auf dem Patronenpapier vorgelegt, in das

er mit dem Digitalisierer die Bindungselementsymbole einträgt. Beim Zeichnen der Musterkonturen mittels Digitalisierer sorgen Interpolationsalgorithmen für geglättete Linien.

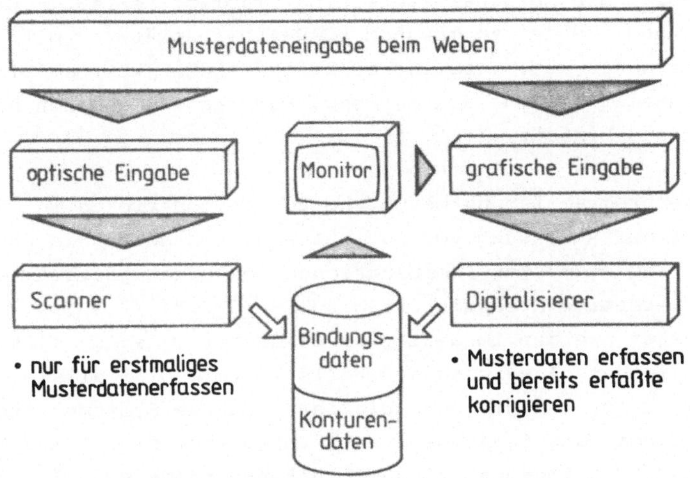

Bild 3.1: Musterdateneingabe in der Weberei

Die verwendeten CAD-Arbeitsplätze bieten im Prinzip den von
der Konstruktion im Werkzeugmaschinenbereich her bekannten
Komfort beim Zeichnen geometrischer Elemente /34/. Der gerä-
tetechnische Aufbau umfaßt neben Geräten zur Dateneingabe und
zur Datenarchivierung häufig mehrere Datensichtgeräte. Dabei
dient z.B. das erste Datensichtgerät dem Dialog mit dem
Bediener, das zweite zur vergrößerten Darstellung von Einzel-
teilen und das dritte zur Darstellung des Gesamtteiles. Mindestens zwei Datensichtgeräte mit jeweils einem grafischen
Bildschirm sind speziell wegen des Musterarrangierens notwendig. Somit können sowohl das Istbild des Gesamtteiles
dargestellt als auch die zur Auswahl stehenden Einzelmuster
daneben gleichzeitig optisch ausgewählt werden.

<u>Stricken</u>

Die Strickmusterdateneingabe erfolgt derzeit in zunehmendem Maße ebenfalls an CAD-Arbeitsplätzen. Die Musterkonturen werden dort mit Digitalisierer und Tablett erfaßt. Bindungspatronen können an manchen CAD-Arbeitsplätzen mittels alphanumerischer bzw. grafischer Zeichen interaktiv am Bildschirm erstellt werden. Scanner bzw. Kameras kommen auch hier zunehmend zum Einsatz.

Die Musterprogrammierung beruht heute beim Stricken in der Regel auf der Anwendung von Datenbanken, in denen die häufigsten Bindungsmuster (Kombinationen von Bindungselementen) sowie Mustermotive gespeichert sind (<u>Bild 3.2</u>) /9,35,36,37/. Diese Muster werden im Dialog am Bildschirm, teils mittels alphanumerischer Anweisungen, teils mittels Digitalisierer, dem Gesamtmuster entsprechend plaziert. Manche Systeme unterstützen dabei den Programmierer, indem sie die Bindungsmuster, z.B. ein Zopfmuster, durch entsprechende Symbolbilder im Bild des Gesamtmusters anzeigen.

Die in den genannten Datenbanken gespeicherten Bindungsmuster stammen fast ausschließlich von den Strickmaschinenherstellern selbst. Es handelt sich hierbei um parametrisierbare Strickunterprogramme, die in der für die Steuerung der Strickmaschine festgelegten Programmiersprache erstellt sind (Abschnitt 3.1.2). Parametrisierbar sind z.B. die Nadel-Reihen-Koordinaten für die Lage des Bindungsmusters im Gesamtteil. Der Musterprogrammierer muß sich dabei um keine strickmaschinenspezifischen Angaben kümmern. Nachteilig am Anwenden dieser Datenbanken ist, daß eine Gebundenheit an die vom gleichen Hersteller gebauten Strickmaschinen besteht.

Soll ein nicht auf der Datenbank existierendes Muster programmiert werden, so erfordert diese Programmierung genaue Kenntnisse des Strickvorganges auf der späteren Ziel-Strickmaschine. Am CAD-Arbeitsplatz können Bindungspatronen zwar teilweise mittels alphanumerischer Zeichen bzw. grafischer

Symbole für die einzelnen Bindungselemente erstellt werden, für den Fertigungsablauf sind allerdings noch zusätzlich strickmaschinengebundene Anweisungen, wie z.B. für die Schloßeinstellungen oder für den Nadelbettenversatz beim Umhängen, anzugeben. Im Prinzip muß hier dann in einer strickmaschinengebundenen Programmiersprache (Abschnitt 3.1.2) programmiert werden. Auf diese Art erstellte Bindungsmuster sind in die vorhandene Datenbank natürlich ebenfalls integrierbar.

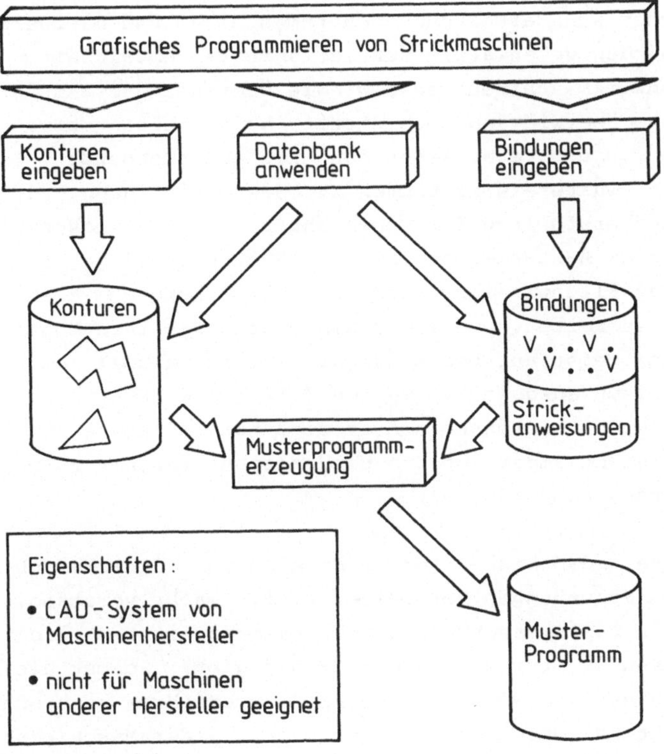

Bild 3.2: Methoden der grafischen Musterprogrammierung von Strickerzeugnissen

3.1.2 Programmieroberflächen der Maschinensteuerungen

Numerische Steuerungen haben sich im Bereich der Textilmaschinen bisher nur bei Strickmaschinen durchgesetzt. Die
meisten Steuerungsrechner unterstützen hier allerdings den
Programmierer noch nicht mit grafischen Funktionen. Webmaschinen erhalten die Informationen der herzustellenden Muster
noch weitgehend über Lochbänder /1,4/. Diese werden fast
ausschließlich mechanisch ausgewertet. In diesem Zusammenhang
wird nachfolgend von mechanischer Programmierung gesprochen.
Elektromagnetisch arbeitende Schaftmaschinen und Jacquardmaschinen werden gegenwärtig zur Serienreife entwickelt. Bei
Flachkettenwirkmaschinen erfolgt die Übergabe der Musterinformationen überwiegend noch mittels Musterketten bzw. Mu-
sterrädern. Diese veranlassen dann die entsprechenden Bewegungen der Mustereinrichtungen zur Musterfertigung /3,20/.
Die Lochbandherstellung für Webmaschinen erfolgt maschinell,
die endgültige Musterketten- bzw. -räderherstellung manuell.
Bei Einfaden-Flachwirkmaschinen sind NC-Steuerungen ebenfalls
nur wenig verbreitet. Diese Maschinen erhalten ihre Musterinformationen meist auf Lochbändern, welche manuell erstellt
und mechanisch ausgewertet werden /10/. Die NC-Programmer-
stellung bei Strickmaschinen erfolgt nur teilweise maschinell, weil nicht immer auf das Bindungsmusterarchiv zurückge-
griffen werden kann /38,39/.

Die Tatsache, daß bisher nur im Bereich der Strickmaschinen
numerische Steuerungen verbreitet sind, macht verständlich,
warum es für Textilmaschinen keine standardisierten Programmierverfahren wie für Werkzeugmaschinen gibt. Selbst die bei
Strickmaschinen angewendeten Programmierverfahren unterscheiden sich stark voneinander. Hier bietet jeder Maschinenher-
steller seine eigene NC-Programmiersprache an. Die im Rahmen
dieser Arbeit besonders bei Flachstrickmaschinen untersuchten
NC-Programmiersprachen /35,36,37/ sind maschinengebundene
Sprachen mit bescheidenem Bedienungskomfort. Der Umgang mit

diesen Sprachen erfordert genaue Kenntnis der Strickabläufe in jeder Reihe.

Prinzipiell sind diese Sprachen reihen-rapportorientiert. Deshalb muß man nicht jede Reihe und jedes Bindungselement im Muster separat programmieren. Vielmehr wird jede Musterreihe in musterentsprechende Bindungsrapporte eingeteilt. Mehrere im Muster aufeinanderfolgende Reihen können ebenfalls zu einem Rapport zusammengefaßt werden. Meistens ist eine mehrfache Schachtelung von Rapporten möglich. Erstellt werden diese Rapporte in Form von Unterprogrammen, die dann von der Steuerung der Maschine zu gegebener Zeit anhand des NC-Hauptprogrammes ausgewertet werden. Hierbei sind für jede verschieden aufgebaute Reihe dann noch zusätzlich Angaben über die jeweils anzusteuernden Fadenführer, Schlösser, Nadelbetten und über die Maschenfestigkeiten zu machen. Bei den dazu in den Sprachdefinitionen vereinbarten Sprachworten handelt es sich allerdings nur um teilweise bekannte Abkürzungen von Namen. Diese Tatsache sowie die trotz der Möglichkeiten zur Reihenrapportierung meist dennoch vorhandene große Datenmenge der NC-Programme beeinträchtigen deren Lesbarkeit erheblich.

3.1.3 Bewertung der Programmierverfahren

Beim Programmieren textiler Muster ist zwischen
- maschineller Programmierung mit optischer und/oder grafischer Dateneingabe,
- manueller alphanumerischer Programmierung sowie
- mechanischer Programmierung der Maschine

zu unterscheiden. Diese Programmierverfahren besitzen, wie anläßlich von Fachgesprächen mit Anwendern und Entwicklern sowie durch Analyse von Applikationen festgestellt wurde, abhängig vom Fertigungsverfahren einen unterschiedlichen Verbreitungsgrad (Tabelle 3.1). Eine Betrachtung der wesentli-

chen Eigenschaften bestehender rechnerunterstützter Musterprogrammierverfahren (<u>Tabelle 3.2</u>) führt zu folgenden Ergebnissen:

- Auf den Gebieten der grafischen Musterdateneingabe sowie
  der optischen Musterdateneingabe erfüllen die existierenden
  Lösungen weitgehend die Anforderungen des Musterzeichners.
- Die Schnittstellen zur Musterdateneingabe an den
  Maschinensteuerungen erfordern meist sehr viele Daten und
  sind deshalb manuell nur mit Mühe zu bedienen.
- Existierende Sprachen zur Musterdateneingabe sind nicht
  standardisiert; sie sind firmenspezifisch auf einen Maschi-
  nentyp zugeschnitten.

Diese Ergebnisse bestimmen die spätere Zielsetzung der Arbeit
(Abschn. 3.4) wesentlich.

Programmierverfahren / Fertigungsverfahren	Rechnerunterstützte Programmierung		Manuelle NC-Programmierung (alphanum.)	Mechanische Programmierung
	optische Eingabe	grafische Eingabe		
Weben	●	●	○	●
Einf.-Flachwirken	○	◑	◑	◑
Flachkettenwirken	○	◔	○	◕
Flachstricken	◔	●	◑	◔
Rundstricken	◑	●	◑	○

Verbreitungsgrad: ○ ◔ ◑ ◕ ● (hoch ●, niedrig ○)

Tabelle 3.1: Derzeitige Verbreitung der verschiedenen Programmierverfahren in der Textiltechnik

Programmierverfahren / Kriterium	mit optischer Eingabe	mit grafischer Eingabe	mit alphanumerischer Eingabe
Anwendung	Konturenerkennung, Lesen von Musterpatronen	Konturenerfassung, Bindungseingaben, sofern dem System bekannt	alle Muster, die die betreffende Textilmaschine fertigen kann
Komfort bei Anwendung	sehr groß	groß (z.B. Spiegeln, Drehen, ...)	teilweise sehr bescheiden
Kentnisse über Fertigungsabläufe beim Anwenden	teilweise erforderlich	teilweise erforderlich	in hohem Maße erforderlich
Abhängigkeit vom Fertigungsverfahren	DE: keine DV: sehr groß	DE: gering DV: sehr groß	DE und DV: sehr groß
Abhängigkeit von der Textilmaschine u. Steuerung	DE: keine DV: sehr groß	DE: keine DV: sehr groß	DE und DV: sehr groß
Zeit für Datenerfassung	niedrig	hoch	sehr hoch
Anschaffungskosten	sehr hoch	nicht außergewöhnlich	nicht außergewöhnlich

Tabelle 3.2: Bewertung bestehender Musterprogrammierverfahren (DE: bezüglich Datenerfassung, DV: bezüglich Datenverarbeitung)

3.2 Schwachstellen und Grenzen bei der Musterprogrammierung

Schwachstellen und Grenzen der Musterprogrammierung gibt es bei der
- optischen Musterdateneingabe sowie der
- interaktiven Aufbereitung der vom Designer entworfenen Musterskizze.

Die Probleme im automatischen Auswerten der über Bildabtastsysteme gewonnenen Daten liegen nach zahlreichen Forschungsarbeiten, z.B. auf den Gebieten der automatischen Gewebezellenauswertung in der Medizin sowie der Schriftenauswertung, im Klassifizieren der Daten. Das Klassifizieren führt vielfach nicht zu eindeutigen Ergebnissen /40,41,42/. Wegen der insbesondere durch unterschiedliche Garnbeschaffenheit und Bindungsfestigkeit fast unendlich zahlreichen Realisierungsmöglichkeiten der Bindungen sind dem automatischen Auswerten optisch eingelesener Bindungen anhand fotografischer, gewebter, gewirkter und gestrickter Vorlagen deshalb Grenzen gesetzt. Die automatische Bildauswertung mehrschichtiger Muster, d.h. das Erkennen mehrerer Musterschichten, stellt ein fast unlösbares Problem dar. Derzeitige Bildauswertestrategien sind verbesserungsbedürftig, jedoch nicht Gegenstand dieser Arbeit.

Die aufgrund mangelnder Informationen geometrischer und technologischer Art notwendige interaktive Aufbereitung der vom Designer entworfenen Musterskizze muß entsprechend der unterschiedlichen Bereiche in der arbeitsteiligen Industrie erfolgen. Hierbei ist der Informationsrückfluß in die übergeordneten Bereiche von sehr großer Wichtigkeit (<u>Bild 3.3</u>). Dies ist allerdings bisher nur vereinzelt "papierlos", d.h. über Rechner, möglich. Die Gründe liegen im begrenzten Einsatz numerischer Steuerungen in der Textiltechnik sowie in den ausschließlich firmenspezifischen, technischen Informationsflüssen innerhalb der Bereiche CAD, CAP und CAM. Dieser Problemkreis ist durch Festlegung geeigneter Schnittstellen zwischen den Bereichen zu verbessern und ist deshalb ein Schwerpunkt der weiteren Ausführungen dieser Arbeit.

Die interaktive Aufbereitung einer Musterskizze wird sehr arbeitsintensiv, wenn im Extremfall alle Bindungselemente eines Musters in die Rechenanlage einzugeben sind, weil eine rapportmäßige Zusammenfassung von Bindungselementen nicht möglich ist. Verbesserungen hinsichtlich einer weniger datenintensiven Eingabe sind für derartige Muster nicht erkennbar.

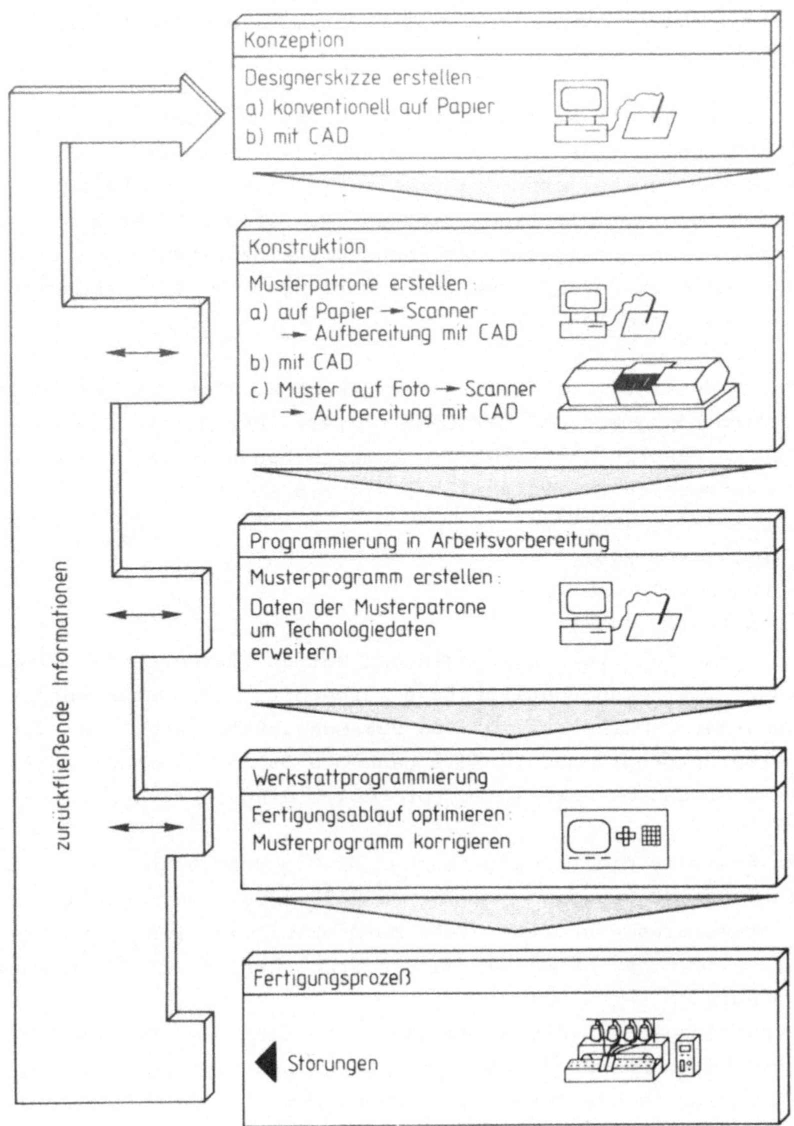

Bild 3.3: Technischer automatisierter Informationsfluß

3.3 Vergleich NC-Werkzeugmaschinenbereich - NC-Textil-maschinenbereich

Die langjährige Erfahrung in der NC-Technik bei Werkzeugmaschinen muß bei den Bemühungen, die Flexibilität von Textilmaschinen zu steigern, berücksichtigt werden. Deshalb ist es notwendig, auf die Eigenschaften derzeitiger NC-Programmierverfahren bei Werkzeugmaschinen kurz einzugehen und sie den Eigenschaften der NC-Programmierverfahren bei Textilmaschinen gegenüberzustellen.

Die NC-Werkzeugmaschinenprogrammierung erfolgt nur teilweise in Verbindung mit CAD-Systemen /12,43/. Für das rechnerunterstützte Generieren der NC-Programme haben sich im Werkzeugmaschinenbereich Schnittstellen, wie z.B.
- IGES /44/, VDAFS /45/,
- APT, EXAPT /46/,
- CLDATA /47/ und
- DIN 66 025 /48/,

in Form von Vereinbarungen und Normen durchgesetzt (Bild 3.4). Das rechnerunterstützte Aufbereiten von Daten entsprechend der CLDATA- bzw. DIN-66 025-Schnittstelle erfolgt durch Übersetzerprogramme, für die nach DIN 66 257 /49/ die Begriffe NC-Processor bzw. NC-Postprocessor eingeführt sind.

Das Ergebnis einer automatischen NC-Programmierung ist in der Regel ein NC-Programm nach DIN 66 025. Für die manuelle NC-Programmierung stellt diese Norm ebenfalls einen Standard dar. Allerdings haben manche Steuerungshersteller diese Sprache um
- Anweisungen für die Berechnung mathematischer Funktionen,
- bedingte und unbedingte Sprunganweisungen,
- Anweisungen zur Parameterrechnung sowie um
- Anweisungen zum Dateienhandling (Zugriffe auf Werkstückdateien, Werkzeugdateien)

erweitert /50,51/. Dies war notwendig, weil von Seiten der Werkstattprogrammierung der Wunsch nach mehr Komfort bei NC-

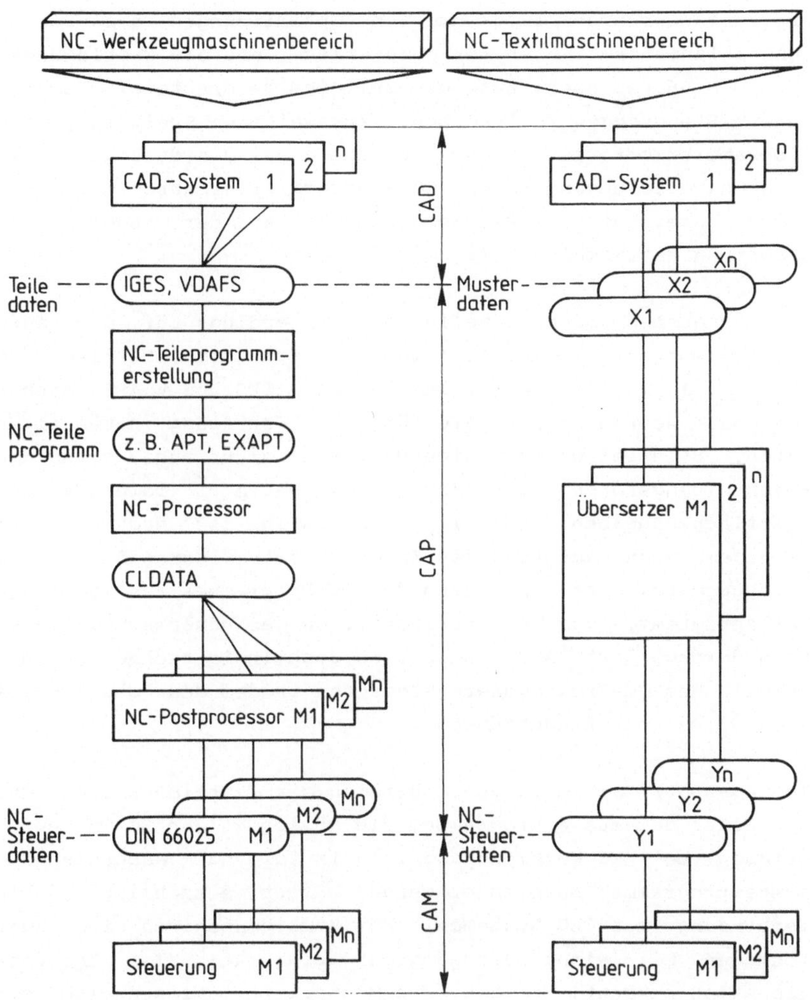

Bild 3.4: Derzeitige Schnittstellen beim technischen Informationsfluß

(M1 ... Maschinen, X1 ..., Y1 ... steht für die Bezeichnung firmengebundener Schnittstellen)

Programmänderungen aufgrund von Optimierungen der Fertigungsabläufe kam. Hier ist anzumerken, daß die Festlegungen in DIN 66 025 noch auf die Zeit festverdrahteter numerischer Steuerungen zurückgehen. Zur weiteren Steigerung des Programmierkomforts wurden, beruhend auf den durchgeführten Spracherweiterungen, auch NC-Programmierverfahren mit grafisch unterstützter Parametereingabe an der numerischen Steuerung entwickelt /52/.

Die genannten Schnittstellen sind allerdings für die auftragsorientierte, arbeitsteilige Industriewelt unbefriedigend (<u>Bild 3.5</u>) /12,13/. Schnittstellen wie IGES und VDAFS enthalten bei weitem nicht alle für die Fertigung notwendigen Daten. Beispielsweise fehlen bzw. sind nicht ausreichend die Beschreibungsformen für Fertigungsmaße mit Toleranz- und Oberflächenangaben. Der Informationsfluß ist dadurch, und außerdem noch aufgrund des Informationsverlustes der Werkstückgeometrie beim Erzeugen des NC-Programmes aus dem NC-Teileprogramm, nur unidirektional. An der numerischen Steuerung durchgeführte Änderungen sind deshalb im rechnerinternen Modell des NC-Programmiersystems und in dem des CAD-Systems automatisch nicht nachführbar.

Im Gegensatz dazu erfolgt im Bereich der Textilmaschinen das Erstellen der Musterprogramme, die analog zu den NC-Teileprogrammen bei NC-Werkzeugmaschinen im folgenden auch als NC-Musterprogramme bezeichnet werden, fast ausschließlich in Verbindung mit CAD-Systemen. Für Strickmaschinen sind sogar Lösungen mit einem durchgängigen bidirektionalen Informationsfluß bekannt, so daß die Musterinformationen also erhalten bleiben (Bild 3.5). Allerdings sind Strickmaschinen dafür auch aufgrund ihrer steuerbaren Einzelnadelauswahl sehr geeignet. Anders ist dies z.B. bei Einfaden-Flachwirkmaschinen, die heute noch bindungsherstellende Einrichtungen besitzen, die manuell einzustellen sind (Anhang), wobei diese Einstellungen jedoch nicht aus den Steuerdaten hervorgehen.

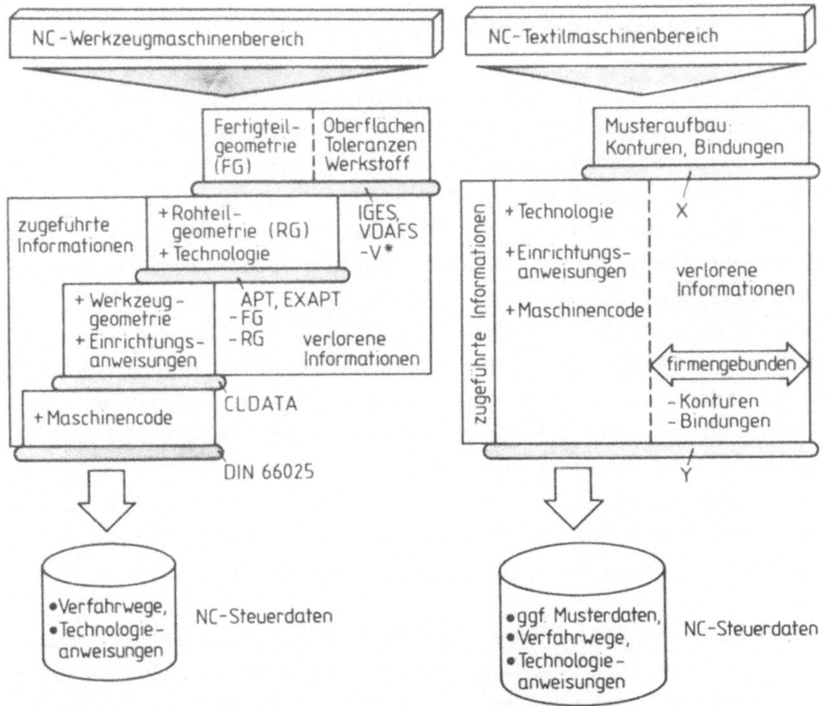

*V Verknüpfung von Oberflächen, Toleranzen und Werkstoff

Bild 3.5: Derzeitige Informationsänderungen an den Schnitt-
stellen beim technischen Informationsfluß
(X, Y steht für die Bezeichnung firmengebundener
Schnittstellen)

Bei Textilmaschinen existieren in den Bereichen CAD, CAP und CAM keine Normen bezüglich des Informationsflusses (Bild 3.4). Wegen der relativ gering verbreiteten NC-Technik im Textilmaschinenbereich ist es daher leichter möglich als bei NC-Werkzeugmaschinen, Schnittstellenkonzepte zu erarbeiten, die den jetzigen Anforderungen gerecht werden und für eine Standardisierung geeignet sind.

3.4 Zielsetzung der Arbeit

Aus den Ergebnissen der vorangegangenen Abschnitte leitet sich nun die Zielsetzung dieser Arbeit ab. Wegen der weitgehend den Anforderungen des Musterzeichners genügenden Funktionen derzeitiger CAD-Systeme besteht hier keine dringende Notwendigkeit für Verbesserungen. Notwendig sind dagegen Verbesserungen bei der Dateneingabe an der Maschinensteuerung.

Gemäß DIN 44 300 /53/ ist eine Schnittstelle ein gedachter oder tatsächlicher Übergang an der Grenze zwischen zwei Funktionseinheiten, z.B. Programmbausteinen, mit vereinbarten Regeln für die Übergabe von Daten oder Signalen. Da sogar die menschliche Sprache als Schnittstelle zwischen miteinander kommunizierenden Personen anzusehen ist /54/, stellt eine Programmiersprache ebenfalls eine Schnittstelle dar.

Für numerische Steuerungen von Textilmaschinen ist in diesem Sinne die Entwicklung einer Schnittstelle notwendig, die eine Musterprogrammierung an der numerischen Steuerung alphanumerisch und gegebenenfalls auch grafisch mit mehr Programmierkomfort als bisher ermöglicht (Bild 3.6). Außerdem muß diese Schnittstelle auch für DNC-Betrieb /46/ mit einem übergeordneten Arbeitsplatzrechner ausgelegt sein. Das Festlegen von ausschließlich einer Schnittstelle, im folgenden NC-Programmierschnittstelle genannt, die also von drei Seiten aus angesprochen werden kann, bringt Vorteile
- in der Übersichtlichkeit der Informationsstruktur,
- in der Nutzung des Speicherplatzes,
- im Minimieren der Fehlerzahl bei der Systementwicklung,
- im Minimieren des Entwicklungsaufwandes sowie
- im Minimieren des Probelauf- und Inbetriebnahmeaufwandes.

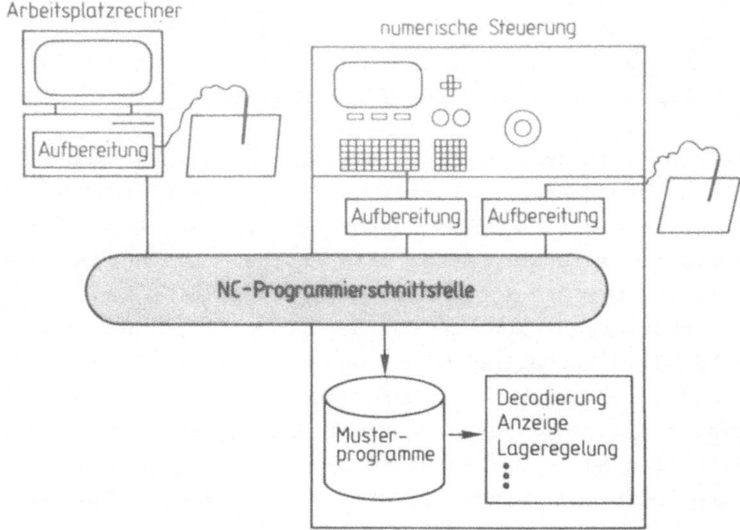

Bild 3.6: Anwendung der NC-Programmierschnittstelle

Ein Ziel dieser Arbeit ist daher, eine vom Fertigungsverfahren möglichst unabhängige, musterorientierte NC-Programmierschnittstelle zu definieren, die für eine Standardisierung geeignet ist. Dazu sind zunächst die Anforderungen
- von der Forderung nach einem firmenunabhängigen, durchgängigen Informationsfluß,
- vom Programmierverfahren,
- vom Fertigungsverfahren sowie
- vom technischen Prozeß
zu analysieren.

4 Anforderungsprofil einer musterorientierten NC-Programmierschnittstelle

4.1 Durchgängigkeit des Informationsflusses

In der Arbeitsvorbereitung (AV) erfolgt in der Regel das Erstellen der Musterprogramme, und in der Werkstatt an der Maschinensteuerung muß das Testen und Optimieren der Fertigungsabläufe rasch ausführbar sein /55,56/. Die Berücksichtigung einer CIM-Strategie erfordert hierbei für den technischen Informationsfluß in den Bereichen CAD, CAP und CAM einen Kanal in Vorwärtsrichtung und einen Kanal in Rückwärtsrichtung (Bild 3.3). Die Durchgängigkeit des technischen Informationsflusses ist jedoch nur dann gewährleistet, wenn die aktuellen Musterprogramme zentral derart archiviert sind, daß unabhängig vom Programmierort auf sie zugegriffen werden kann.

Für die Bereiche CAD, CAP und CAM wird daher eine gemeinsame Informationsbasis gefordert, so daß über sie die in diesen Bereichen unterschiedlichen, rechnerinternen Modelle ohne Informationsverluste ineinander umsetzbar sind. Im folgenden wird deshalb in diesem Zusammenhang von einer reversiblen Modellbildung gesprochen. Sie für den Textilbereich zu erreichen, verlangt entweder

- eine streng musterorientierte Programmierung ohne Informationsverluste bezüglich des Musters an allen Programmierorten oder
- zusätzlich zu den NC-Steuerdaten gespeicherte Informationen, die einen Rückbezug zu den ursprünglichen grafisch oder optisch eingegebenen Musterdaten ermöglichen /57/.

Wegen des gesetzten Zieles, eine komfortable Musterprogrammierung an der numerischen Steuerung zu konzipieren, wird nachfolgend nur noch die zuerst genannte Möglichkeit zum Erreichen einer reversiblen Modellbildung diskutiert.

4.2 Unterschiedliche Programmierorte

Wegen der geforderten Durchgängigkeit des technischen Informationsflusses sind die Anforderungen der zum Einsatz kommen-
den Programmierverfahren aufzuzeigen. Für das Musterprogrammieren sind zwei Möglichkeiten bezüglich des Programmierortes
zu unterscheiden, nämlich
- an einem maschinenfernen Arbeitsplatzrechner, z.B. an einem
  Personal Computer, sowie
- an der numerischen Steuerung
zu programmieren.

Die grafische maschinenferne Musterprogrammierung stellt an
die NC-Programmierschnittstelle hauptsächlich Forderungen
nach minimaler Datenmenge und Möglichkeiten zum Erweitern,
weniger nach leichter Lesbarkeit und Erlernbarkeit. Die Forderung nach einem rückführbaren Informationsfluß tritt zusätzlich auf, wenn an der Maschinensteuerung ebenfalls programmiert werden soll (Bild 4.1).

Sind die Programmieroberflächen von numerischer Steuerung und
maschinenfernem Programmierplatz musterorientiert gestaltet,
so sind die Musterprogramme leicht
- zwischen Arbeitsvorbereitung und Werkstatt zu transferieren
  und
- auf andere Maschinen zu portieren.
Hierbei ist erforderlich, daß die NC-Programmierschnittstelle
mit einer minimalen Datenmenge arbeitet und Möglichkeiten für
Erweiterungen bietet.

Unter der Voraussetzung, daß das Erstellen der Musterprogramme in der Arbeitsvorbereitung grafisch erfolgt, reicht an der
numerischen Steuerung für das Ändern der Musterprogramme eine
gerätemäßig kostengünstigere alphanumerische Programmierung
aus. Da die an einem maschinenfernen Arbeitsplatzrechner
grafisch eingegebenen Musterdaten in einer Datenstruktur

abgelegt sein müssen, die das Berechnen der an die Maschinenachsen auszugebenden NC-Steuerdaten erlaubt, muß die für die
Abarbeitung eines alphanumerischen Musterprogrammes erforderliche Software nicht unbedingt ein großer Zusatzaufwand sein.
Allerdings ist für die alphanumerische Musterprogrammierung
dann eine Eingabesprachform notwendig, die auf dieser Datenstruktur aufbaut. Zusätzlich zur CIM-Forderung eines durchgängigen Informationsflusses werden jetzt noch leichte Erlernbarkeit und Lesbarkeit sowie minimale Datenmenge und
Erweiterbarkeit gefordert.

Programmier- verfahren	Eigenschaften	Forderungen an NC-Programmier- schnittstelle
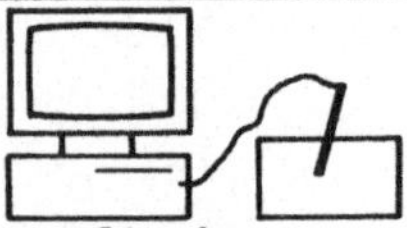 grafisch maschinenfern	Programmierung un- abhängig von Pro- duktion	minimale Daten- menge, Erweiterbarkeit
 grafisch an NC	Programmierung ohne Simultanprogram- mierung von Pro- duktion abhängig	minimale Daten- menge, Erweiterbarkeit
 alphanumerisch an NC	nur für Programmkor- rekturen geeignet, zusätzlich grafische Programmierung in AV notwendig	reversible Modell- bildung, min. Datenmenge, Lesbarkeit, Erlernbarkeit, Erweiterbarkeit

Bild 4.1: Einflüsse auf die Konzeption der NC-Programmier-
          schnittstelle von Seiten des Programmierortes

4.3 Unterschiedliche Fertigungsverfahren

Bei den NC-Werkzeugmaschinen hat es sich als Vorteil erwiesen, daß für die verschiedenen Fertigungsverfahren die NC-Programmierung meist weitgehend ähnlich erfolgt. Den NC-Programmierern fällt dadurch das Programmerstellen für unterschiedliche Fertigungsverfahren leichter. Deshalb ist es naheliegend, die dort gemachten Erfahrungen auf Textilmaschinen zu übertragen.

Die Fertigungsverfahren Weben, Wirken und Stricken sind zwar unterschiedlich, ihnen ist jedoch gemeinsam, daß sie Musterflächen erzeugen, die modellmäßig gleich behandelbar sind. Es ist daher zu prüfen, ob für diese Verfahren Schnittstellen gleicher Struktur festgelegt werden können. Die Forderung einer vom Fertigungsverfahren unabhängigen NC-Programmierschnittstelle wird allerdings nicht nur vom NC-Programmierer, sondern vermehrt auch von der Arbeitsvorbereitung in der auftragsorientierten, arbeitsteiligen Textilwelt erhoben. Aus wirtschaftlichen Gründen sollte ein Muster nur einmal programmiert werden müssen, und mittels eines einzigen Programmiersystems sollten dann die NC-Programme für die verschiedenen Textilmaschinen erzeugt werden. Auch diese Forderung ist nur durch musterorientiertes Programmieren der numerischen Steuerungen zu erfüllen.

4.4 Zeitgerechtes Verarbeiten der NC-Musterdaten

Der Fertigungsprozeß stellt an die numerische Steuerung einer Textilmaschine teilweise wesentlich höhere Ansprüche als an die numerische Steuerung einer Werkzeugmaschine. Das gilt hauptsächlich wegen der sehr kurzen Ausführungszeiten zum Fertigen einer Musterreihe, z.B. 0,7 s bei Einfaden-Flachwirkmaschinen. Diese Zeiten sind als vorgegeben anzusehen, da sie bei Textilmaschinen bereits in der Vergangenheit erzielt wurden, beruhend auf mechanisch, meist mittels Exzenterwellen ausgelösten Bewegungsvorgängen. Deshalb müssen in der numerischen Steuerung die zum Fertigen einer Reihe notwendigen NC-Steuerdaten in der dafür vorgegebenen Zeit abgearbeitet werden können.

Von der NC-Programmierschnittstelle wird daher verlangt, daß sie diesen Zeitanforderungen gerecht wird, d.h., die Anweisungen in den NC-Musterprogrammen müssen in der vom Fertigungsprozeß zur Verfügung gestellten Zeit on-line übersetzt werden können. Je musterorientierter die Programmierung ist, um so rechenzeitintensiver ist die Ermittlung der NC-Steuerdaten infolge der umfangreichen Technologiedatenverarbeitung. Deshalb bestimmen die Zeitanforderungen des Fertigungsprozesses ganz entscheidend das Schnittstellenniveau (am besten geeignete Darstellungsart der NC-Musterprogramme), obwohl die derzeitigen Rechnergenerationen in den numerischen Steuerungen sehr leistungsfähig sind.

4.5 Ergebnisse

Die an die zu entwickelnde NC-Programmierschnittstelle gestellten Anforderungen sowie die erarbeiteten Methoden, sie zu erfüllen, zeigt Tabelle 4.1. Die durchgeführte Analyse macht hierbei deutlich, daß manche der erhobenen Anforderungen sich gegenseitig beeinträchtigen. Im folgenden müssen deshalb Kompromisse erarbeitet werden, die notwendig sind, um dennoch das gesetzte Ziel zu erreichen.

Quelle der Anforderungen	Anforderung	Methode
Informationsfluß	Sicherstellen der Durchgängigkeit des Informationsflusses in Vorwärts- u. in Rückwärtsrichtung (CAD - CAM).	Konzeption einer NC-Programmier-schnittstelle ohne wesentliche Informationsverluste.
Programmierort	Sicherstellen einer automatischen und manuellen Bedienung der NC-Programmier-schnittstelle.	Festlegen einer Schnittstelle mit minimaler und lesbarer Datenmenge.
Programmierverfahren	Sicherstellen des Zusammenspiels von Programmierverfahren mit optischer, grafischer u. alphanumerischer Dateneingabe.	Festlegen einer gemeinsamen Schnittstelle.
Fertigungsverfahren	Weitgehende Unabhängigkeit der Musterprogrammierung vom Fertigungsverfahren (Weben, Wirken, Stricken).	Musterprogrammierung mit wenig fertigungsspezifischen Kenntnissen schaffen.
Prozeß	Zeitgerechtes Auswerten der NC-Steuerdaten.	Fertigungsablauf-orientierte, musterorientierte Programmierung schaffen.

<u>Tabelle 4.1</u>: Anforderungsprofil für musterorientierte NC-Programmierschnittstelle

5 Konzeption einer musterorientierten NC-Programmierschnittstelle

5.1 Schnittstellenniveau

Die Ermittlung des Schnittstellenniveaus erfordert ein kurzes Eingehen auf die Arten der Datenspeicherung bei der grafischen bzw. optischen Musterdateneingabe sowie eine Bewertung dieser Arten (Tabelle 5.1).

Bei der optischen Musterdateneingabe werden zunächst alle einzelnen Bildpunkte eines Musterbildes digital abgespeichert. Demgegenüber werden bei der grafischen Dateneingabe der Musterkonturen einzelne Linienzüge, z.B. Strecken oder Kreisbögen, abgespeichert. Diese sind dann nach Beendigung der Eingaben aller Musterkonturen, sofern möglich, zu geschlossenen Linienzügen zusammenzufassen. Ein Muster, dessen Effekt z.B. auf dem vereinzelten Aneinanderreihen verschiedener Bindungselemente beruht, erfordert das Speichern aller Bindungselemente eines Bindungsrapportes.

Beim rechnerunterstützten Generieren der Daten für die NC-Programmierschnittstelle ist also von
- Bildpunkten,
- Linienzügen und
- singulären Bindungselementpunkten
auszugehen. Aus Gründen des Komforts beim alphanumerischen Programmieren sollte das Niveau der NC-Programmierschnittstelle i.a. deutlich über einer Bildpunktedarstellung liegen. Es stellt einen hohen Programmieraufwand dar, für jede Fertigungsreihe Musterdaten in die Steuerung einzugeben. Bei der Bildpunktedarstellung ist die Datenmenge am größten. Im Gegensatz dazu ist eine Linienzugdarstellung anschaulicher, leichter zu handhaben, und die dabei auftretende Datenmenge ist wesentlich kleiner, womit ein wichtiger Teil der gestellten Anforderungen erfüllt wird.

Daten zur Musterbeschreibung		Bewertung hinsichtlich			
Programmierverfahren	Daten	Lesbarkeit	Änderbarkeit	Datenmenge	geeignete Anwendung bei
optisch	Bildpunkte	gering	aufwendig	sehr groß	komplexen Mustern
grafisch	Linienzüge	gut	sehr gut	klein	großflächigen Mustern
	singuläre Bindungselementpunkte	gut	von Anzahl abhängig	musterabhängig	komplexen Mustern, Bindungsrapporten

Tabelle 5.1: Analyse der das Festlegen des Niveaus der NC-
Programmierschnittstelle bestimmenden Daten

Für das NC-Programmieren der Bindungen in den Musterflächen
eignet sich diese Beschreibungsform nicht. Sowohl bei der
grafischen als auch bei der optischen Musterdateneingabe
müssen die Bindungselemente punktuell programmiert und gespeichert werden. Da gleichartige Bindungselemente in einer
Musterfläche sehr verstreut sein können, ist für sie nur ein
punktuelles NC-Programmieren möglich. Dies bedeutet, daß die
NC-Programmierschnittstelle aus unterschiedlichen Datenforma-
ten aufgebaut sein muß.

5.2 Schnittstellenstruktur

Die Lesbarkeit und die Erweiterbarkeit einer Schnittstelle
muß sichergestellt sein. Deshalb ist beim Entwerfen von
Schnittstellen auf einen modularen Schnittstellenaufbau zu
achten. Aufgrund des Aufbaues der Muster sowie der Notwendigkeit unterschiedlicher Beschreibungsmethoden von Technologie
und Geometrie, d.h. von Bindungen und Konturen, bietet es

sich an, die NC-Programmierschnittstelle und somit die NC-Musterprogramme in dieser Weise zu strukturieren. Auch zum Beschreiben mehrschichtiger Muster sollte sich der Schnittstellenaufbau an die mathematische Modellbildung anlehnen. Die Konzeption der Schnittstelle muß daher für jede Musterschicht einen Bindungsteil und einen Konturenteil vorsehen (<u>Bild 5.1</u>).

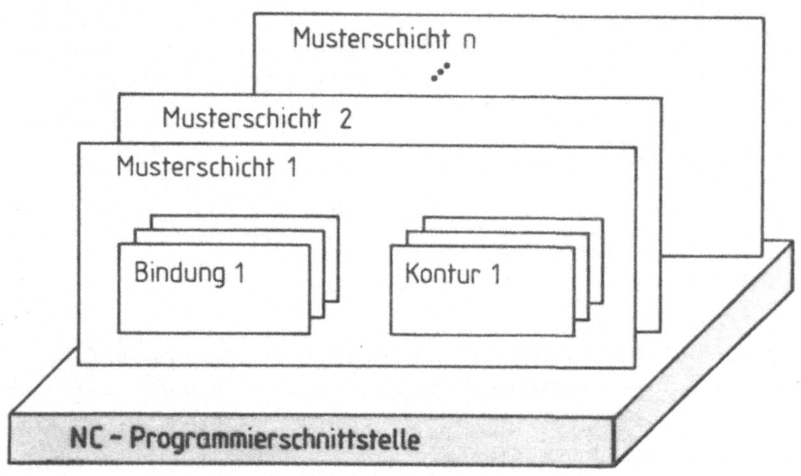

<u>Bild 5.1</u>: Struktur der NC-Programmierschnittstelle

5.3   Alternative Musterbeschreibungsverfahren
5.3.1 Bindungen

Der Programmierer soll beim Erstellen des Bindungsteiles im NC-Musterprogramm möglichst wenig Kenntnisse über die Abläufe der die Bindungen herstellenden Einrichtungen der jeweiligen Textilmaschine besitzen müssen. Deshalb ist hier eine dem grafischen Programmieren einer Bindungspatrone ähnliche bindungspunktorientierte Beschreibung notwendig (<u>Bild 5.2</u>).
Sie ist allerdings nur anwendbar, wenn
- anhand der Musterpatrone auf eine eindeutige Herstellungsart der Bindungselemente zu schließen ist und

- ausschließlich aufgrund verschiedener Algorithmen mit gleichen Mustereinrichtungen unterschiedliche Bindungen hergestellt werden können.

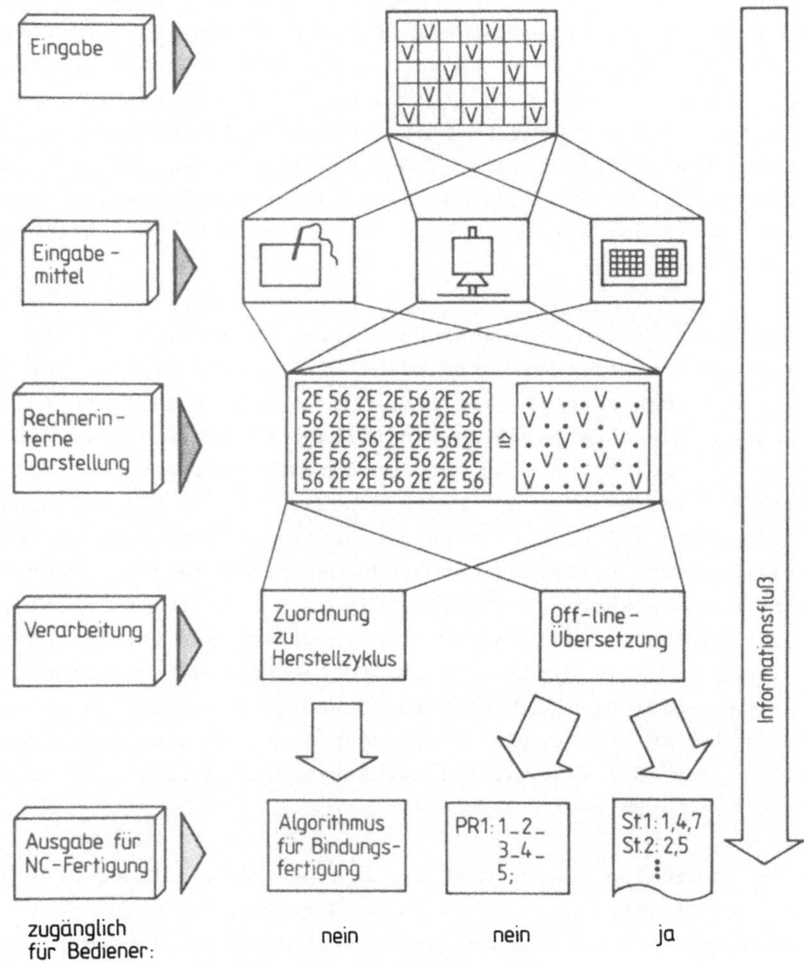

Bild 5.2: Programmierung und Verarbeitung von Bindungsdaten
(PR1: Stellungen der Preßmusterwalze für Preßmuster 1, St1,St2: in Stellungen 1, 2 zu entfernende Stifte)

Diese Algorithmen müssen wegen der Forderung einer komfortablen NC-Musterprogrammierung und der damit notwendigen bindungspunktorientierten Beschreibung als Zyklen (vgl. Zyklenprogrammierung bei NC-Werkzeugmaschinen /58/) in der numerischen Steuerung implementiert sein. Weil für den Übersetzer des NC-Musterprogrammes dadurch wenig Rechenaufwand entsteht, ist diese Beschreibung für eine On-line-Übersetzung sehr geeignet. Ein weiterer Vorteil ist, daß aufgrund der gleichen Informationsbasis der grafischen Musterprogrammierung in der Arbeitsvorbereitung und der alphanumerischen Musterprogrammierung in der Werkstatt eine einwandfreie Datenarchivierung gewährleistet ist.

Allerdings reicht es nicht bei allen bindungsherstellenden Einrichtungen aus, nur notwendige Verfahrwege dieser Einrichtungen zu berechnen. Vielmehr müssen noch zusätzlich Informationen für ihre manuelle Einstellung bereitgestellt werden, z.B. welche Stifte einer Preßmusterwalze bei einer Einfaden-Flachwirkmaschine erforderlich sind. Sind bei der Bindungsherstellung solche Einrichtungen beteiligt oder geht die Herstellungsart nicht aus der Bindungspatrone hervor, dann muß eine bindungsherstellungsorientierte Beschreibung erfolgen. Das bedeutet, daß anstelle der Angaben zu den Bindungen Angaben über die Einsätze bzw. Verfahrwege der die Bindungen herstellenden Einrichtungen zu machen sind, z.B. die Reihenfolge der anzusteuernden Stellungen der Preßmusterwalze (Bild 5.2) oder die Reihenfolge der Schaftansteuerung bei einer Schaftwebmaschine.

Beim Erstellen des NC-Musterprogrammes müssen daher die genannten Einsätze bzw. Verfahrwege der Mustereinrichtungen und deren manuell durchzuführende Einstellungen entweder nach Abschluß der grafischen Musterprogrammierung von einem entsprechenden Softwarebaustein oder bei der manuellen, alphanumerischen Musterprogrammierung vom Programmierer ermittelt werden. Probleme bezüglich der On-line-Übersetzung treten bei dieser Beschreibung nicht auf. Um eine reversible Modellbildung sicherzustellen, müßten jedoch die Angaben über das manuelle Einstellen der Einrichtungen in Verbindung mit dem NC-Musterprogramm gespeichert werden. Bindungsänderungen würden dann allerdings ein Ändern in zwei Dateien erfordern. Da wegen der Abhängigkeit dieser Änderungen voneinander eine Fehlerquelle entstehen würde, darf die bindungsherstellungsorientierte Beschreibung für den Bediener nicht zugänglich sein.

Der Bindungsteil der NC-Programmierschnittstelle muß aufgrund der notwendigen Programmiersicherheit unbedingt bindungspunktorientiert aufgebaut sein. Die Herstellungsart der Bindungen muß anhand der Beschreibung, ggf. mittels speziell definierter Zeichen, zu erkennen sein. Deshalb ist beim Einsatz manuell einzustellender Einrichtungen zur Bindungsherstellung für diese in der numerischen Steuerung eine Offline-Übersetzung notwendig, bei der
- für den Maschinenbediener nicht zugängliche NC-Steuerdaten und
- eine für den Maschinenbediener bestimmte Einrichtungsliste erzeugt werden (Bild 5.2). Nur so ist eine eindeutige Programmierung zu erreichen, bei der eine reversible Modellbildung möglich ist.

5.3.2 Konturen in der Grundmusterschicht

Bei der Untersuchung geeigneter Konturenbeschreibungsmöglichkeiten werden zunächst nur solche Flächenmuster betrachtet, die durch geschlossene Linienzüge beschreibbar sind.

Scheibenorientierte Beschreibungsform

Bestehende Musterprogrammierverfahren sind, wie in Abschnitt 3.1.2 untersucht, reihen-rapportorientiert und führen daher beim Beschreiben nicht rechteckförmiger Musterflächen zu sehr

großen Datenmengen. Zur Verringerung der bei den bestehenden
Musterprogrammierverfahren erhaltenen Datenmengen und somit
zur Verbesserung des Komforts bei der alphanumerischen NC-
Musterprogrammierung bietet sich eine Beschreibungsform an,
bei der die Musterflächen in waagrechte Scheiben einzuteilen
sind (Bild 5.3). Ein Kriterium für das Erstellen einer neuen
Scheibe ist, daß ein Linienzug eine Richtungsänderung er-
fährt, insbesondere wenn Knickpunkte vorliegen. Zu programmieren sind dann alle Segmente einer Scheibe.

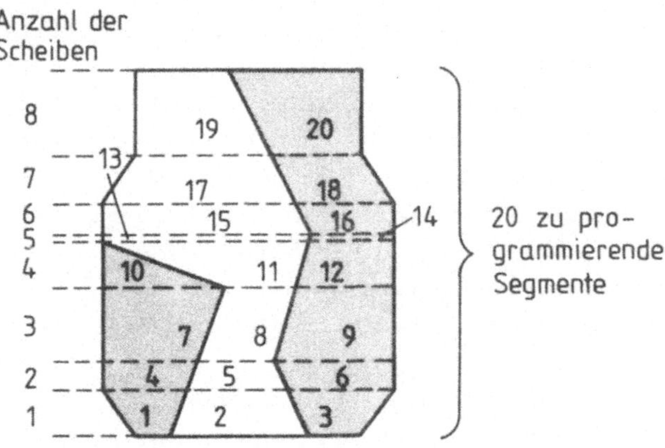

Bild 5.3: Einteilung eines Flächenmusters in Scheiben

Das Programmieren der Segmente in den Scheiben kann
- im Stile eines Programmiersprachenmix bekannter Programmiersprachen, wie z.B. BASIC /59/, PASCAL /60/, DIN 66025
  (Bild 5.4), oder
- in Form geschlossener Linienzüge, z.B. im Uhrzeigersinn,
  mit Linienzugdefinitionen und Bearbeitungsanweisungen ähnlich wie bei EXAPT (Bild 5.5)
erfolgen.

Die ausschließliche Verwendung von DIN 66 025 ist aus zwei
Gründen abzulehnen. Zum einen reichen u.U. die möglichen
Adreßbuchstaben (maximal 26) nicht aus, um allen Musterein-

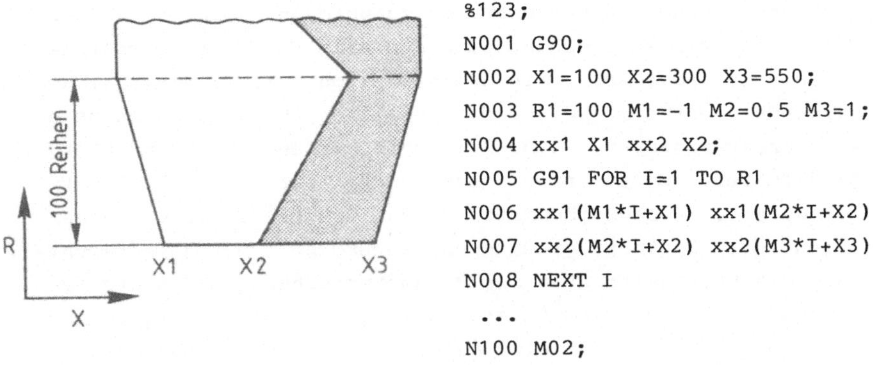

```
%123;
N001 G90;
N002 X1=100 X2=300 X3=550;
N003 R1=100 M1=-1 M2=0.5 M3=1;
N004 xx1 X1 xx2 X2;
N005 G91 FOR I=1 TO R1
N006 xx1(M1*I+X1) xx1(M2*I+X2);
N007 xx2(M2*I+X2) xx2(M3*I+X3);
N008 NEXT I
     ...
N100 M02;
```

Bild 5.4: Programmierung von Musterscheiben in Anlehnung an
DIN 66 025 unter zusätzlicher Verwendung von
Sprachelementen höherer Programmiersprachen
(M Variable für Steigung, R Variable für Reihe,
X Variable für z.B. Nadel, xx fertigungsspezifische
Mustereinrichtung)

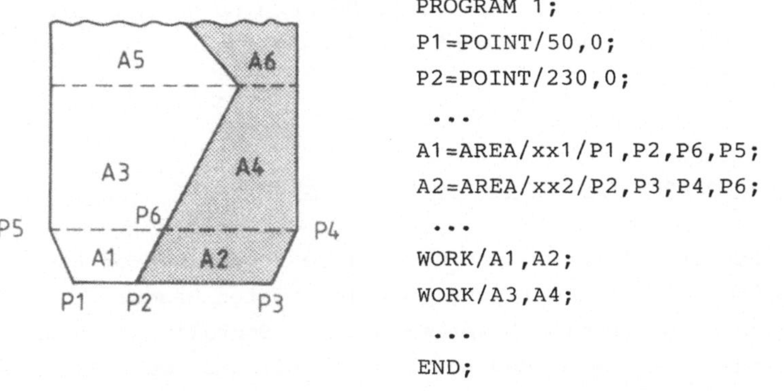

```
PROGRAM 1;
P1=POINT/50,0;
P2=POINT/230,0;
   ...
A1=AREA/xx1/P1,P2,P6,P5;
A2=AREA/xx2/P2,P3,P4,P6;
   ...
WORK/A1,A2;
WORK/A3,A4;
   ...
END;
```

Bild 5.5: Programmierung der Musterscheiben in Anlehnung an
EXAPT (xx fertigungsspezifische Mustereinrichtung)

richtungen einen Adreßbuchstaben zuzuordnen. Dies ist allerdings dadurch zu umgehen, daß anstelle von Adreßbuchstaben sogenannte Adreßworte mit mehreren alphanumerischen Zeichen verwendet werden, welche die jeweiligen Mustereinrichtungen xx charakterisieren, z.B. ist beim Wirken xx1 durch FF1 für Fadenführer 1 zu ersetzen. Zum anderen hat die verfahrsatzorientierte Beschreibungsform von DIN 66 025 eine reihenorientierte Musterprogrammierung zur Folge. Durch Anreicherung mit Sprachelementen zur Parameterrechnung und Schleifenbildung kann hier eine Datenreduzierung erfolgen. Die Lesbarkeit und Bedienbarkeit wird dadurch erheblich verbessert.

Durch eine Linienzugprogrammierung nehmen die Lesbarkeit und die Bedienbarkeit infolge teilweiser Klartextanweisungen zu. Der Übersetzer in der numerischen Steuerung muß aus den Angaben zu den Musterkonturabschnitten die Zustellwege der jeweiligen Mustereinrichtungen für jede Reihe berechnen.

Da mit dieser Beschreibungsform immer alle nebeneinanderliegenden Musterflächen in Segmente eingeteilt werden, ohne daß die Konturen dieser Musterflächen alle an den Segmentgrenzen Knickpunkte besitzen, ist diese Beschreibungsform immer noch sehr datenintensiv. Sie stellt daher eine unbefriedigende Lösung dar.

Flächenabschnittsorientierte Beschreibungsform

Es wäre vorteilhaft, wenn nicht alle nebeneinander liegenden Segmente, die bei der scheibenorientierten Beschreibungsform entstehen, programmiert werden müßten. Deshalb ist zu prüfen, ob eine geringere Redundanz durch Bildung von Flächenabschnitten mittels paralleler Strecken innerhalb nur der durch Richtungsänderungen in der Kontur betroffenen Musterflächen erreicht werden kann (Bild 5.6). Mit der Möglichkeit, Musterflächen abschnittsweise zu beschreiben, wobei für das Festlegen eines Abschnittes in einer Musterfläche das gleiche Kriterium wie bei der scheibenförmigen Beschreibungsform anzuwenden ist, entsteht eine weniger datenintensive Beschreibungsform.

Allerdings ist auch hier von Nachteil, daß aufgrund des seitlichen Aneinandergrenzens von Flächenabschnitten Abschnittspunkte teilweise mehrfach programmiert werden. Dies stellt einen Mangel in der Flexibilität beim Korrigieren von Musterkonturen dar; die hiermit erhaltene Redundanz führt leicht zu Fehlern beim Programmieren. Für den Übersetzer kommt erschwerend hinzu, daß durch das Aneinandergrenzen von verschieden hohen Flächenabschnitten z.B. Strecken durch drei oder mehr programmierte Abschnittspunkte überbestimmt sein können (Bild 5.6).

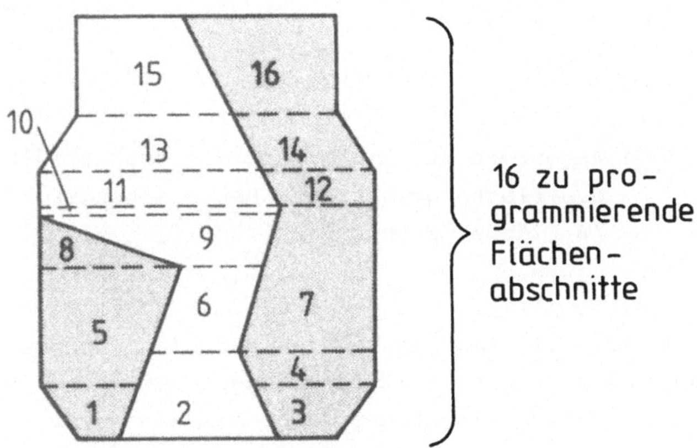

Bild 5.6: Einteilung eines Flächenmusters in Flächenabschnitte

Flächenorientierte Beschreibungsform

Bei der grafischen Programmierung der Musterkonturen mittels Digitalisierer werden die Musterkonturen als Linienzüge abgespeichert. Es ist deshalb naheliegend, an eine Beschreibungsform zu denken, die auf diesen Linienzügen aufbaut (**Bild**

5.7). Bei einer alphanumerischen Musterprogrammierung kann dann der Bediener z.B. entsprechend den farbigen Musterflächen "augengerechte" Konturen festlegen.

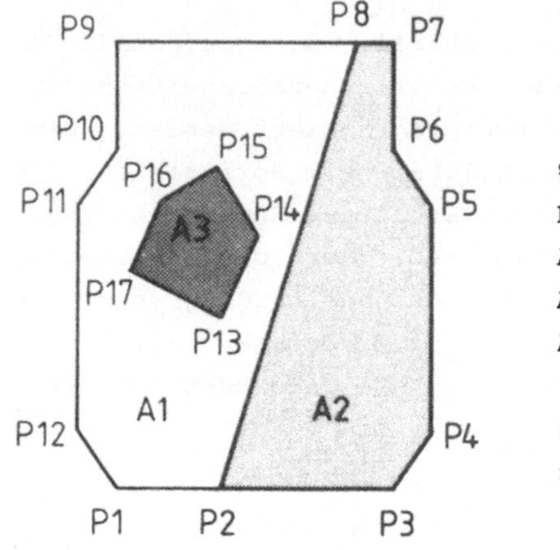

Bild 5.7: Augengerechte Einteilung der Musterflächen durch
die flächenorientierte Beschreibungsform
(A Fläche, P Punkt)

Bei dieser flächenorientierten Beschreibungsform sind mit wenigen Änderungen Kontureneckpunkte entweder zu verlegen oder zusätzlich einzufügen, was bei den zuvor genannten Beschreibungsverfahren aufgrund der hohen Redundanz umständlicher ist. Allerdings muß der Übersetzer in der numerischen Steuerung hier zum Berechnen der NC-Steuerdaten mehr Rechenarbeit leisten als bei den vorher vorgestellten Beschreibungsformen, weil
- die Reihenfolge der Musterflächen im NC-Musterprogramm nicht mit deren Fertigungsreihenfolge übereinstimmen muß und weil

- eine "augengerechte" Fläche nicht in jedem Fall alle Angaben enthält, die zu ihrer textilen Herstellung nötig sind,
  da nur die "Außenkontur" programmiert ist (Bild 5.7).

Die Vorteile dieser Lösung liegen in der geforderten gemein-
samen Datenbasis sowie in ihrer guten Lesbarkeit und Erlernbarkeit. Letzteres wird noch stärker unterstützt, wenn die
Sprachworte an die Benennungen der Muster bzw. der Mustereinrichtungen angelehnt werden. Als Nachteile sind anzuführen,
- daß infolge des Aneinandergrenzens mancher Flächen Flächen-
  konturenpunkte z.T. noch mehrfach programmiert sind,
- daß Strecken teilweise überbestimmt sind,
- daß eine On-line-Übersetzung in der gewünschten Fertigungszeit für eine Reihe einen hohen Rechenaufwand erfordert.

Flächenseitenorientierte Beschreibungsform

Die Forderung nach einer redundanzfreien Musterprogrammierung
bedingt, daß eine Flächenbeschreibung nur einen Teil der
Kontur eines Musters umfassen darf. Dabei ist zu berücksichtigen, daß
- innerhalb eines textilen Gesamtteiles sich alle Musterflächen irgendwie aneinanderreihen (Bild 5.8) und
- außerdem beim Weben, Wirken und Stricken die Fertigung
  einer Reihe dadurch gekennzeichnet ist, daß in horizontaler
  Richtung teilweise mehrere Bewegungsabläufe musterflächen-
  abhängig an unterschiedlichen Stellen im Teil gleichzeitig
  auftreten, z.B. durch die Fadenführer bei einer Einfaden-
  Flachwirkmaschine.

Daraus resultiert nun die Überlegung, nur die rechten Seiten
der Flächen unter Angabe der daran angrenzenden Flächen zu
beschreiben. Die linke Seite einer Fläche wird folglich von
den rechten Seiten der links angrenzenden Flächen beschrieben. Eine Flächenseite ist hierbei definiert durch denjenigen
Teil einer Kontur, der bei einer Darstellung gemäß Bild 5.8

zwischen einem (mathematischen) Hochpunkt und einem Tiefpunkt, also zwischen Extrempunkten, liegt. Ist die oberste
bzw. unterste Begrenzung waagrecht, so sind dort nur die
jeweils rechts liegenden Extrempunkte als Hochpunkt bzw. als
Tiefpunkt anzusehen und zu verwenden. Damit ist eine Fläche
eindeutig und mit minimaler Anzahl von Daten programmierbar.

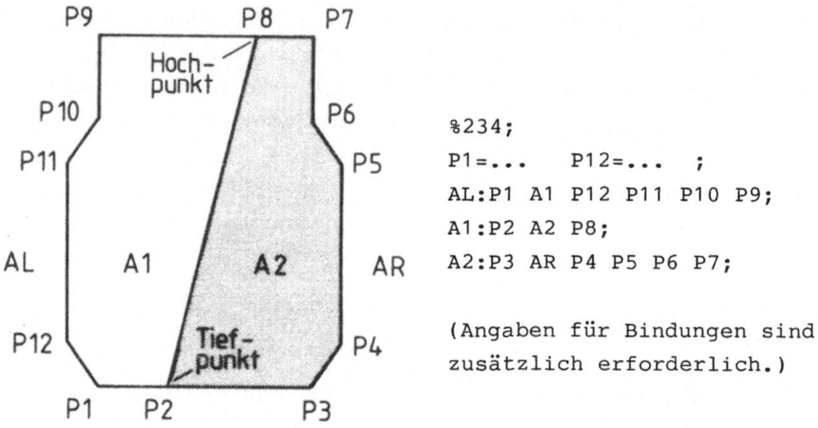

Bild 5.8:   Beispiel für flächenseitenorientierte Beschrei-
            bungsform (A Fläche, P Punkt)

Um diesen Algorithmus konsequent anwenden zu können, ist es
notwendig, links und rechts vom zu beschreibenden Gesamtteil
jeweils eine fiktive Fläche einzuführen. Die rechte fiktive
Fläche muß im NC-Musterprogramm nicht näher spezifiziert
werden, da sie außerhalb des bemusterten Teiles liegt. Beim
Beschreiben der rechten Seite einer Fläche sind, ausgehend
vom Tiefpunkt der Flächenkontur, alle Kontureneckpunkte sowie
Schnittpunkte mit Linienzügen von anderen Flächen des rechten
Konturenteils bis zum Hochpunkt der Flächenkontur anzugeben.
Nachfolgend sind diese Punkte als markante Punkte bezeichnet.

Die Einführung dieser flächenseitenorientierten Beschreibungsform macht gegenüber der flächenorientierten eine z.T. andere Einteilung der Flächen und somit der Konturen erforderlich. Besitzt eine Fläche ursprünglich mehrere Hochpunkte bzw. mehrere Tiefpunkte, so ist diese Fläche nun in mehrere Flächen zu zerlegen, die ihrerseits nur einen Hochpunkt und einen Tiefpunkt bzw. waagrechte Begrenzungen besitzen dürfen (Bild 5.9). Diese eventuelle Flächenzerlegung muß beim alphanumerischen Musterprogrammieren der Bediener vornehmen. Bei der grafischen Musterprogrammierung ist diese Zerlegung von einem speziellen Softwarebaustein (Generator) des Programmierplatzes durchzuführen. Durch dieses Flächenzerlegen vereinfacht sich der Übersetzer in der numerischen Steuerung. Zwei ineinanderliegende Flächen (Bild 5.9) sind folglich so zu zerlegen, daß an die rechte und linke Flächenseite einer Fläche nicht die gleiche Fläche angrenzt. Im "Schatten" der kleineren Fläche liegt hier eine sogenannte Schattenfläche.

Gegenüber der flächenorientierten Beschreibungsform muß der Übersetzer in der numerischen Steuerung bei dieser Programmierart bedeutend weniger Rechenarbeit leisten. Durch eine geeignete Namensgebung für die Schattenflächen ist eine reversible Modellbildung auch bei diesem Verfahren sichergestellt (Bild 5.9). Der Vorteil dieser Beschreibungsform liegt deshalb in der
- minimalen, nicht redundanten Datenmenge,
- guten Lesbarkeit und Erlernbarkeit,
- reversiblen Modellbildung sowie
- nicht allzu rechenintensiven Auswertung infolge der fertigungsorientierten Flächenbeschreibung.
Treten in einem Muster Konturen auf, die keine geschlossenen Linienzüge sind, dann ist für sie diese Beschreibungsform aufgrund des Vorhandenseins von nur einer Flächenseite besonders geeignet.

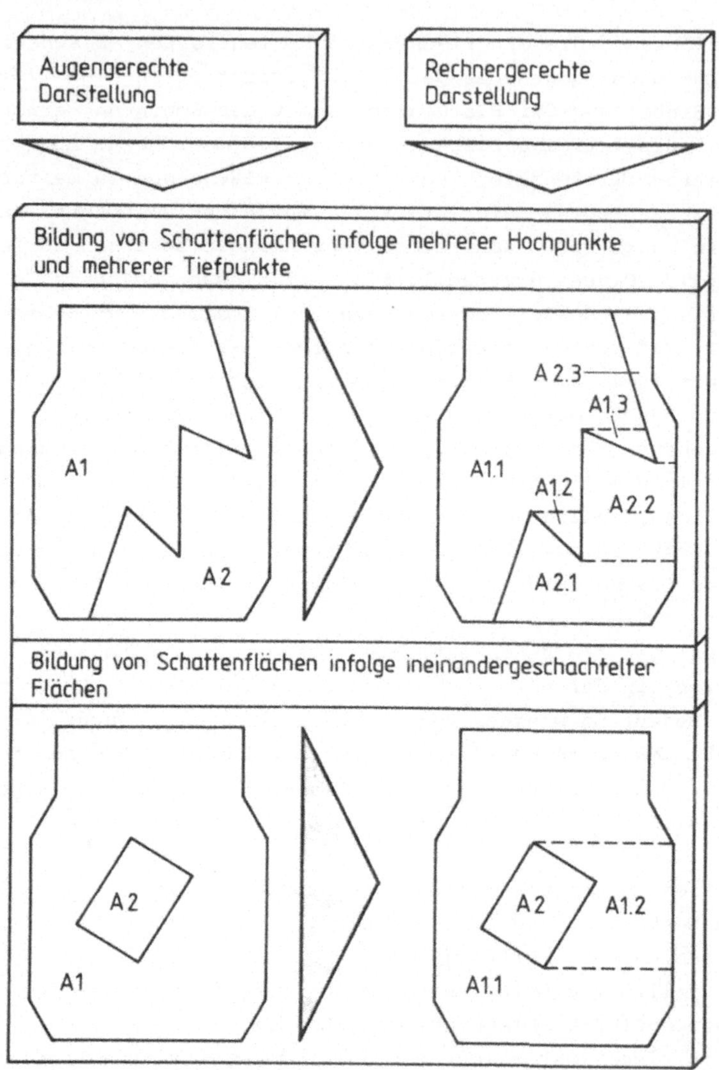

Bild 5.9: Notwendige Flächeneinteilungen bei der flächenseitenorientierten Beschreibungsform

5.3.3 <u>Überlagerte Musterschichten</u>

Im Gegensatz zu einschichtigen Mustern, die aus einer in sich geschlossenen Musterschicht bestehen, sind bei mehrschichtigen Mustern die der Grundmusterschicht überlagerten Musterschichten nicht in sich geschlossen. Diese Tatsache hat für das Programmieren der Flächenkonturen Auswirkungen. Die flächenseitenorientierte Beschreibungsform ist hier wenig geeignet.

Für das Beschreiben von Konturen in überlagerten Musterschichten ist, infolge der meist nicht zusammenhängenden Musterflächen und einer daher wenig redundanten Datenmenge, die flächenorientierte Beschreibungsform anwendungsfreundlicher als die flächenseitenorientierte. Um ein On-line-Berechnen der NC-Steuerdaten sicherzustellen, sind allerdings die Flächen ggf. derart zu verändern, daß sie nur einen Hochpunkt und einen Tiefpunkt bzw. waagrechte Begrenzungen besitzen. Die Flächen müssen also in die Form gebracht werden, die auch für die flächenseitenorientierte Beschreibung der Flächen der Grundmusterschicht gefordert ist.

Das Beschreiben der Bindungen kann dagegen für jede Musterschicht auf gleiche Weise erfolgen, da die Bindungen unabhängig von der Musterschicht immer punktweise beschreibbar sind.

5.3.4 <u>Komplexe Muster</u>

Komplexe Muster sind Muster, die sehr viele kleine Musterflächen besitzen, wie es z.B. bei einer Blume der Fall sein kann. Die kleinste Musterfläche kann hierbei von der Größe eines Bindungselementes sein. Da bei den bisher vorgestellten Beschreibungsformen die Vorteile der kleinen Datenmengen sowie der guten Lesbarkeit mit zunehmender Anzahl sehr klei-

56

ner Flächen schwinden, muß die Musterfläche eines komplexen Musters bindungselement- und reihenweise beschrieben werden, ähnlich einer Bildpunktedarstellung. Die Forderung der reversiblen Modellbildung ist dadurch einfach zu erfüllen.

5.3.5 Bewertung der Beschreibungsmöglichkeiten

Bindungspatronen müssen wegen der geforderten Durchgängigkeit des Informationsflusses und der notwendigen Programmiersicherheit bindungspunktorientiert programmiert werden. Außerdem erreicht die Lesbarkeit für die NC-Bindungsprogrammteile dadurch den höchsten Stand (Tabelle 5.2).

Programmierung von Mustern		Bewertung bezüglich					
Musteraufbau	Beschreibungsform	Handhabung manuell	Datenmenge minimal	Echtzeit	Generierung	Rückübersetzung	Technol. Unabhängigkeit
Grundmusterschicht – Bindung	bind. punktorien.	●	●	●*	●	●	●
Grundmusterschicht – Bindung	bind. herst. orien.	◑	●	●	◕	○	○
Grundmusterschicht – Kontur	scheibenorientiert	◑	◔	●	◑	◑	●
Grundmusterschicht – Kontur	abschnittsorientiert	◑	◔	●	◑	◑	●
Grundmusterschicht – Kontur	flächenorientiert	●	◑	◔	●	●	●
Grundmusterschicht – Kontur	flächenseitenorien.	◕	●	◕	◕	◕	●
Überlagerte Schicht – Bindung	bind. punktorien.	●	●	●*	●	●	●
Überlagerte Schicht – Bindung	bind. herst. orien.	◑	●	●	◕	○	○
Überlagerte Schicht – Kontur	scheib. u. abschn. o.	◑	◔	●	◑	◑	●
Überlagerte Schicht – Kontur	flächenorientiert	●	●	◑	●	●	●
Überlagerte Schicht – Kontur	flächenseitenorien.	◔	○	◑	◕	◑	●
Eignung: ○ keine, ◔ geringe, ◑ mittelmäßige, ◕ gute, ● sehr gute							

Tabelle 5.2: Bewertung der Realisierungsmöglichkeiten zur
Beschreibung textiler Muster
(* abhängig von bindungsherstellender Einrichtung)

Die untersuchten Methoden zum Beschreiben der Musterkonturen
auf Linienzugbasis sind im wesentlichen gleich unkomfortabel,
wenn

- das gesamte Teil sehr viele kleine Flächen besitzt oder
- die Konturen nur mittels großer Punktemengen zu beschreiben sind.

Es hat sich gezeigt, daß die flächenseitenorientierte Beschreibungsform, angewendet auf nicht komplexe Muster in der
Grundmusterschicht, den gestellten Anforderungen am besten
gerecht wird. Sie ist hier den anderen Beschreibungsmöglich-
keiten in den Forderungen nach

- minimaler, nicht redundanter Datenmenge,
- Berechnen der NC-Steuerdaten on-line,
- Programmiersicherheit und
- schnell durchzuführenden Änderungen im NC-Musterprogramm

überlegen. Eine Überlegenheit ist beim flächenseitenorientierten Beschreiben auch für offene Linienzüge gegeben.

Für das Programmieren der Konturen nicht komplexer Muster in
den überlagerten Musterschichten hat sich die flächenorientierte Beschreibungsform als günstig erwiesen, wobei u.U
dafür zu sorgen ist, daß die Musterflächen nur je einen
Hochpunkt und je einen Tiefpunkt bzw. waagrechte Begrenzungen
besitzen.

Das Beschreiben komplexer Muster muß bindungspunktorientiert
erfolgen. Aus Gründen einer bestmöglichen Nutzung des Speicherplatzes wird dabei ein Programmieren unter Anwendung von
Wiederholungsfaktoren auf

- die Bindungselemente einer Reihe und auch
- auf die Reihen selbst

gefordert.

Aufgrund der gewonnenen Erkenntnisse ergeben sich nun für den
Aufbau einer musterorientierten NC-Programmierschnittstelle
folgende Forderungen:

- Für jede Musterschicht eines gesamten textilen Musters müssen die Konturen der einzelnen Musterflächen und die dazugehörenden Musterbindungen getrennt programmiert werden.
- Die Grundmusterschicht muß flächenseitenorientiert beschrieben werden, die überlagerte Musterschicht dagegen flächenorientiert, wobei die Musterflächen jeweils nur einen Hochpunkt und einen Tiefpunkt bzw. waagrechte Begrenzungen besitzen dürfen.
- Komplexe Muster sind in Verbindung mit der flächenseitenorientierten bzw. flächenorientierten Beschreibungsform bindungspunktweise zu programmieren.

5.4 Spezifikation einer musterorientierten NC-Programmierschnittstelle

5.4.1 Struktur der NC-Programmierschnittstelle

In einer numerischen Steuerung müssen mehrere NC-Musterprogramme abspeicherbar sein. Die Angaben zum Beschreiben der Grundmusterschicht sowie der überlagerten Musterschichten müssen eindeutig sein. Daher sind entsprechende Kennzeichnungen einzuführen (Bild 5.10).

Im folgenden soll nun die NC-Programmierschnittstelle spezifiziert werden. Zum Beschreiben von Programmiersprachen sind in der Literatur Syntax-Diagramme /61/ sowie Darstellungen nach der Backus-Naur-Form (BNF) /62/ bekannt. Syntax-Diagramme zeichnen sich wegen ihrer grafischen Darstellung durch größere Übersichtlichkeit aus und erhalten deshalb bei der nachfolgend durchgeführten Spezifikation der NC-Programmierschnittstelle den Vorzug. Auf Unterschiede zu vorhandenen Programmierschnittstellen in der Textiltechnik soll dabei hingewiesen werden.

Bild 5.10: Aufbau eines NC-Musterprogrammes nach der
NC-Programmierschnittstelle

5.4.2 Bindungen

Für das praxisgerechte Programmieren der Musterbindungen
müssen bei der Spezifikation der NC-Programmierschnittstelle
Rapportierungsmöglichkeiten berücksichtigt werden. Zu unterscheiden sind dabei
- Bindungen, die Musterflächen zugeordnet sind, sowie
- Bindungselemente, die über mehrere Musterflächen verteilt
  sind.

Musterflächen zugeordnete Bindungen sind wegen der Übersichtlichkeit rapportweise zu programmieren, wobei die Rapportaufrufe dann in den Anweisungen der dazugehörenden Musterflächen
erfolgen (<u>Bild 5.11</u>). Dadurch unterscheidet sich diese Programmierschnittstelle von den bisher in der Textiltechnik
bekannten, bei denen aufgrund ihrer reihenorientierten
Beschreibungsform dies nicht möglich ist. Beim Wunsch nach
einem anderen Rapport muß hier nur der Rapport neu erstellt
werden; die Beschreibung der Musterflächen jedoch bleibt
davon unberührt. Diese Art der Rapportanwendung ist auch dann
von Vorteil, wenn eine Fläche mit einem anderen, bereits
programmierten Rapport versehen werden soll. Die Rapporte
sind programmtechnisch alphanumerische Patronen.

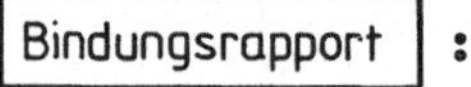

<u>Bild 5.11</u>: Definition des Bindungsrapportes

Über mehrere Musterflächen verteilte, nicht aneinandergren-
zende, gleichartige Bindungselemente sind anschaulich nur mit
sogenannten Bindungssätzen zu beschreiben, in denen flächen-
unabhängig Rapportaufrufe zyklisch erfolgen können, z.B.
"Aktiviere alle 20 Reihen den Bindungsrapport, beginnend bei
der Startreihe 10, Nadel 30" (<u>Bild 5.12</u>). Auf diese Weise
sind ein optimales Datenminimieren sowie auch ein einfaches
Ändern der Bindungsverteilung sichergestellt. Diese kompakte
Art der Datendarstellung verteilter Bindungselemente in den
Musterflächen ist bei den existierenden Sprachen nicht anzu-
treffen. Sie erlauben nur für Bindungspatronen, in denen
spaltenweise und zeilenweise alle Bindungselemente vorgegeben
sind, ein reihenweise zyklisches Programmieren.

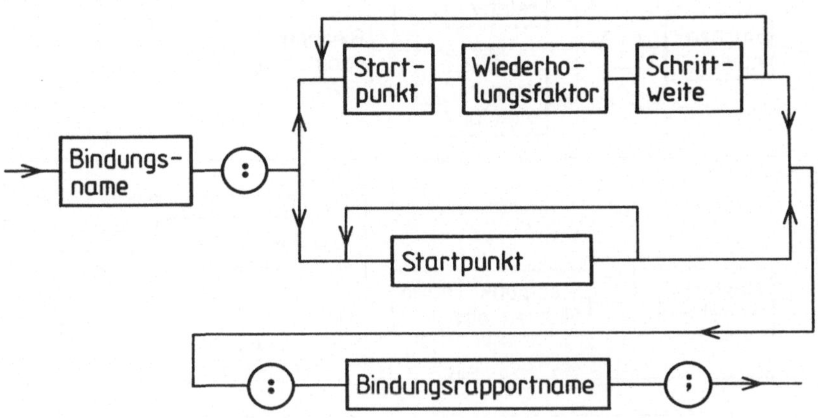

Bild 5.12: Definition des Bindungssatzes

5.4.3 Konturen in der Grundmusterschicht

Die Definitionen der Musterflächen der Grundmusterschicht
(Bild 5.13), d.h. der rechten Seiten der Musterflächen,
enthalten Angaben über
- die Bindungen innerhalb der Musterflächen,
- die den Musterflächen zugeordneten Mustereinrichtungen,
- die Formen der rechten Konturen und
- besondere Bindungselemente im Verlauf der Konturen.

Durch das Beschreiben der Konturen der Musterflächen können
auf einfache Art noch technologische Daten, wie z.B. Bindungsrapporte, mit angegeben werden, die nur für den Flächen-
rand gelten. Die Möglichkeit einer derartigen Konturenangabe
trägt ganz wesentlich zur Übersichtlichkeit der Schnittstelle
bei. Der reale flächenhafte Charakter des Musters bleibt
somit, im Gegensatz zu einer reihenorientierten Beschreibung,
erhalten. Das Muster wird dadurch nicht weiter "zerstückelt".

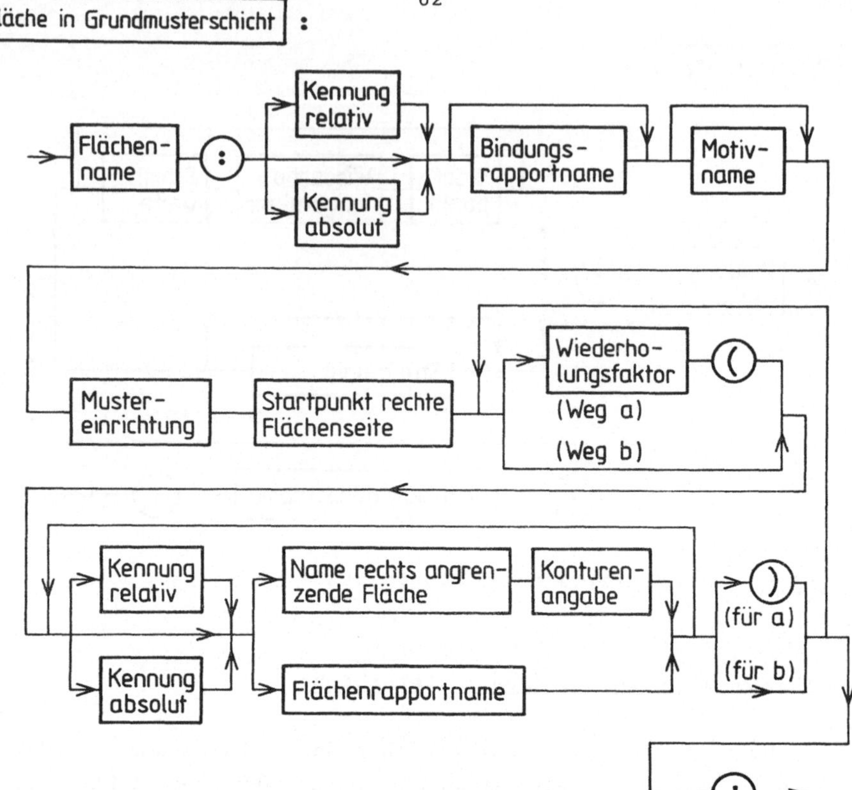

Bild 5.13: Definition einer Fläche in der Grundmusterschicht

Beim Beschreiben der Konturen sind im Grunde alle aus dem 2-D-Bereich bekannten mathematischen Funktionen denkbar. Deren Anwendung würde allerdings teilweise einen großen Rechenaufwand verursachen und nicht unbedingt zur Übersichtlichkeit beitragen. Es hat sich gezeigt, daß aufgrund oft mathematisch komplizierter, unstetiger Konturen bei textilen Mustern die Punktemenge als Beschreibungsmöglichkeit die geeignetste ist. Der Übersetzer des NC-Musterprogrammes in der numerischen Steuerung sollte dann jedoch so arbeiten, daß er zwischen den Punkten linear interpoliert, sofern die programmierten Punkte mehr als eine Reihe auseinanderliegen.

Interpolationsverfahren mit besonderer Eignung zur Stütz-
punkteliminimierung, z.B. die Spline-Interpolation /63/, sind
aufgrund der meist unstetigen Konturen ungeeignet. Ebenso
sind Kreis- oder Parabelinterpolationsverfahren wenig geeignet, weil
- die Bindungselemente sich in ihrer Länge und Breite
  unterscheiden und
- es aufgrund der Rasterung des Musters nicht möglich ist,
  immer eindeutige Kreis- oder Parabelbögen zu fertigen.

Aus Gründen des Komforts bei der NC-Musterprogrammierung ist
für eine Rapportprogrammierung, die
- das Zusammenfassen mehrerer Musterflächen zu einem Rapport
  (Bild 5.14) und
- dessen mehrfaches Aufrufen im Programm
erlaubt, erforderlich. Deshalb ist ein Programmieren von
Konturenpunkten mit relativen Werten sowie von Wiederholungsfaktoren notwendig. Die relativen Werte eines Konturenpunktes
sind die Differenzen der Koordinatenwerte zum vorhergehenden
Koordinatenpunkt. Die Besonderheit dieser Lösung gegenüber
herkömmlichen Verfahren liegt darin, daß die gesamte Rap-

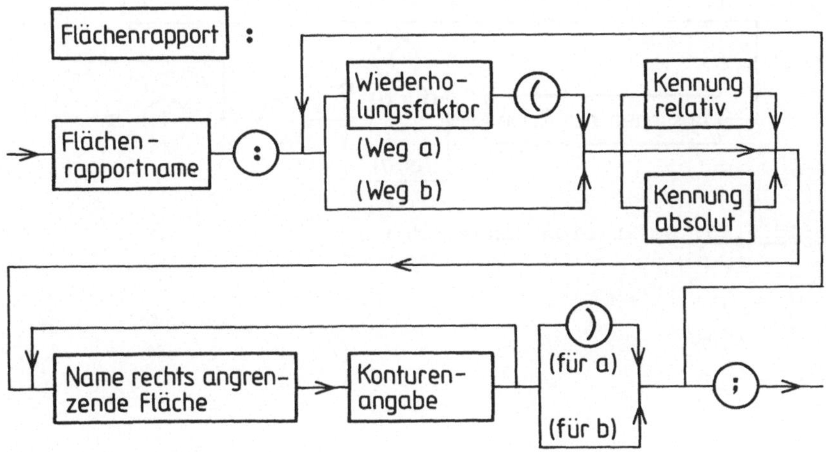

Bild 5.14: Definition eines Flächenrapportes

portfläche nicht rechteckförmig sein muß, wodurch existierende Musterflächen nicht weiter zerlegt werden müssen.

Die bindungselementweise Programmierung eines komplexen Musters, in den Syntax-Diagrammen mit "Motiv" bezeichnet (Bild 5.15), ist ähnlich wie bei anderen Sprachen. Verteilte, sehr kleine Musterflächen (keine oder nur wenige zusammenhängende Bindungselemente) können in gleicher Weise wie verteilte Bindungen programmiert werden, also anstelle mit Bindungssätzen mit Mustersätzen, welche die Rapportaufrufe der Musterflächen enthalten. Die Rapporte dieser Musterflächen sind bindungselementweise aufgebaut. Dadurch wird ein Zerstückeln großer Flächen aufgrund einzelner Bindungselemente verhindert. Die Lesbarkeit der Schnittstelle bleibt somit erhalten.

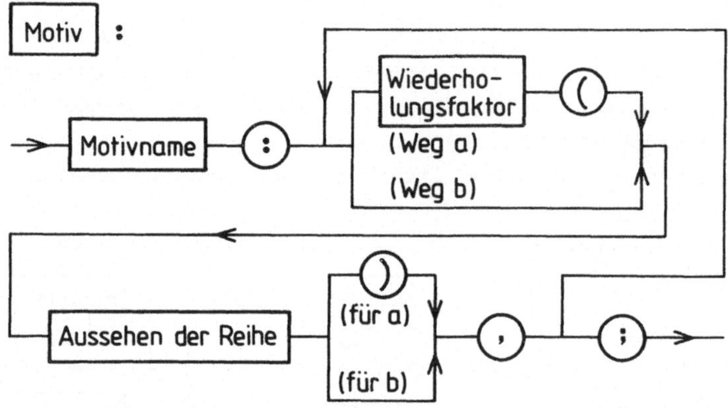

Bild 5.15: Definition eines Motives

5.4.4 Konturen in überlagerten Musterschichten

Bei den Musterflächen der überlagerten Musterschichten sind aufgrund der flächenorientierten Beschreibungsform nicht nur die rechten Seiten, sondern auch noch deren linke Seiten zu programmieren (Bild 5.16). Daraus resultieren diese Randbedingungen:

- Der erste Linienzugpunkt einer solchen Flächenkontur muß der Flächentiefpunkt sein,
- alle Punkte einer Kontur müssen im Uhrzeigersinn oder im Gegenuhrzeigersinn aufeinanderfolgen und
- die Konturen müssen nach aufsteigenden Reihen der Tiefpunkte programmiert sein (Rechenzeitersparnis).

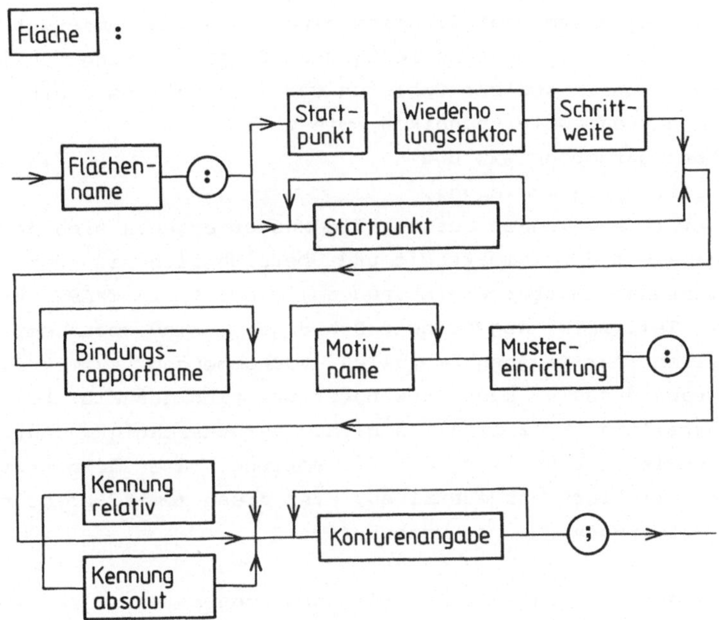

Bild 5.16: Definition einer Fläche in einer überlagerten Musterschicht

Wie bei den Musterflächen in der Grundmusterschicht sind auch hier Bindungsrapporte und bei der Herstellung beteiligte Mustereinrichtungen den Flächen bei ihrem Programmieren zuzuordnen. Dadurch ist die musterorientierte Beschreibung sichergestellt. Wegen der Möglichkeit, die überlagerten Musterflächen reihenweise zyklisch zu programmieren, werden der Speicherplatz bestmöglich ausgenutzt und die Lesbarkeit des NC-Musterprogrammes verbessert. Mit vorhandenen Lösungen können keine Vergleiche angestellt werden, weil diese überlagerte Schichten in der beschriebenen Art nicht kennen.

5.4.5 Bewertung der vorgestellten Spezifikation

Die vorgestellte Spezifikation einer NC-Programmierschnittstelle für die musterorientierte Programmierung schließt bekannte und in anderen Gebieten der Informationsverarbeitung bewährte Programmiertechniken, wie z.B.
- Unterprogrammtechnik und
- Schleifenprogrammierung,
mit ein. Angewendet auf textile Muster ergeben sich dadurch Vorteile in der Kompaktheit und Übersichtlichkeit der Programmierung. Mustervereinbarungen, wie z.B. in EXAPT für auf einem Teilkreis angeordnete Bohrungen, sind wegen der bei Textilien nur in Ausnahmefällen vorkommenden symmetrischen Musteranordnungen kaum anwendbar und sind deshalb bei der vorgestellten Spezifikation nicht berücksichtigt. Aufgrund der strikten Einhaltung der Zielsetzung, die Schnittstelle musterorientiert zu gestalten, ist diese somit prinzipiell vom Fertigungsverfahren unabhängig.

Zur besseren Lesbarkeit der NC-Musterprogramme ist es jedoch zweckmäßig, abhängig vom jeweiligen Fertigungsverfahren spezielle Sprachworte zu verwenden. Allerdings ändert sich durch das Verwenden derartiger fertigungsverfahrensorientierter Sprachworte an der Spezifikation der NC-Programmierschnittstelle nichts; ihr Aufbau bleibt weiterhin unverändert. Dadurch ist die Forderung nach einer gleichartigen NC-Programmierschnittstelle für die Fertigungsverfahren Weben, Wirken und Stricken nach wie vor noch erfüllt.

6 Fertigungsunabhängiges Verarbeiten der Musterdaten
6.1 Bausteine zum Verarbeiten von Musterdaten, Anforderungen an die Entwicklung der Bausteine

Die Integration der spezifizierten NC-Programmierschnittstelle in ein System zur automatischen Musterdatenverarbeitung erfordert auf der einen Seite einen

- Generator, der anhand der Daten der grafischen bzw. optischen Programmierung die NC-Musterprogramme entsprechend den verschiedenen Fertigungsverfahren erzeugt (Bild 6.1),
- Rückübersetzer, der die Daten der NC-Musterprogramme in die für die grafische Programmierung notwendige Datenstruktur zurückübersetzt,

und auf der anderen Seite einen

- Übersetzer, der die NC-Steuerdaten für das entsprechende Fertigungsverfahren erzeugt.

Der für einen Übersetzer von NC-Teileprogrammen nach DIN 66 257 übliche Begriff NC-Processor wird nachfolgend auch für den Übersetzer des NC-Musterprogrammes verwendet, weil dessen Arbeitsweise ebenfalls am Fertigungsprozeß orientiert sein muß und eine Verwendung üblicher Begriffe sinnvoll ist. Die Verknüpfung der genannten Bausteine führt, ausgehend von den unterschiedlichen Programmierverfahren, zu verschiedenartigen Systemstrukturen (Bild 6.1).

Diese Strukturen unterscheiden sich von den sonst üblichen Strukturen der NC-Programmiersysteme für NC-Werkzeugmaschinen durch das Vorhandensein eines Rückübersetzers sowie durch die Tatsache, daß der NC-Processor immer Bestandteil der numerischen Steuerung ist. Der Rückübersetzer muß die für CIM geforderte reversible Modellbildung realisieren, so daß die NC-Musterprogramme als gemeinsame Informationsbasis für die Bereiche CAD, CAP und CAM zu verwenden sind. Aufgrund der Forderung nach musterorientierter Programmierung muß der NC-Processor aus einem

- Off-line-Teil und einem
- On-line-Teil

bestehen. Der Off-line-Teil des NC-Processors arbeitet, wie die NC-Processoren aus dem NC-Werkzeugmaschinenbereich, off-line vom Fertigungsprozeß. Er muß für diejenigen bindungsherstellenden Einrichtungen die NC-Steuerdaten generieren, die vor der Musterfertigung manuell eingestellt werden müssen. Im Gegensatz dazu soll der On-line-Teil des NC-Processors die NC-Steuerdaten während dem Fertigungsprozeß generieren.

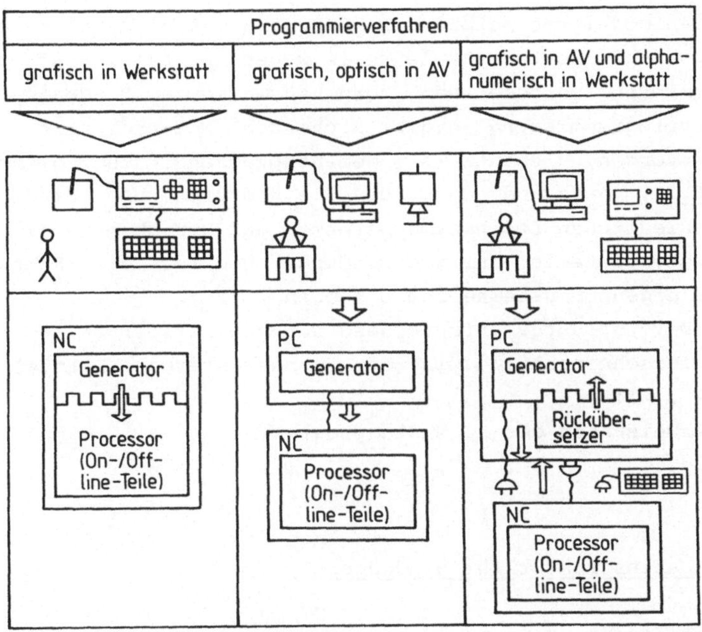

Bild 6.1: Verknüpfung der Bausteine zum Verarbeiten der Musterdaten in Abhängigkeit vom Programmierverfahren bzw. Programmierort

Zum Nachweis der Erfüllbarkeit der in Abschnitt 4 aufgestellten Anforderungen sind die notwendigen Algorithmen für das Generieren des NC-Musterprogrammes, für das Rückübersetzen sowie für das Generieren der NC-Steuerdaten zu entwickeln. Dabei sind die Algorithmen dahingehend zu entwerfen, daß trotz fertigungsverfahrensorientiert gewählter Sprachworte ein vom Fertigungsverfahren unabhängiges Anwenden der NC-Programmierschnittstelle möglich ist.

6.2 Generierung des NC-Musterprogrammes
6.2.1 Struktur des Generators

Durch den modularen Aufbau der NC-Programmierschnittstelle in Bindungs- und Konturenteile sowie wegen der beim grafischen Programmieren vorgesehenen Vorgehensweise in Bindungs- und Konturenprogrammierung ergibt sich die Notwendigkeit, den Generiervorgang ebenfalls dementsprechend zu gliedern (Bild 6.2). Aufgrund der für die Konturen und Bindungen unterschiedlichen Beschreibungsformen und Sprachworte müssen die Generatorteile für die Bindungen und für die Konturen jeweils eigene Bausteine zum Erzeugen
- der Datenstruktur entsprechend der spezifizierten NC-Programmierschnittstelle in der rechnerinternen Darstellung (RID) sowie
- der Anweisungen des NC-Musterprogrammes
besitzen.

6.2.2 Datenstruktur für Bindungen

Beim grafischen Programmieren der Bindungsrapporte wird dem Programmierer unabhängig vom Fertigungsverfahren am Bildschirm ein Raster vorgelegt, in welches er die Symbole der Bindungselemente einträgt. Auf diese Weise entsteht am Bildschirm eine Matrix mit Bindungselementen. Aufgrund der Tatsache, daß Matrizen als rechnerinterne Modelle einfach zu handhaben sind, ist es naheliegend, die grafisch programmierten Bindungsrapporte rechnerintern in Form einer zweidimensionalen Bindungsmatrix abzuspeichern.

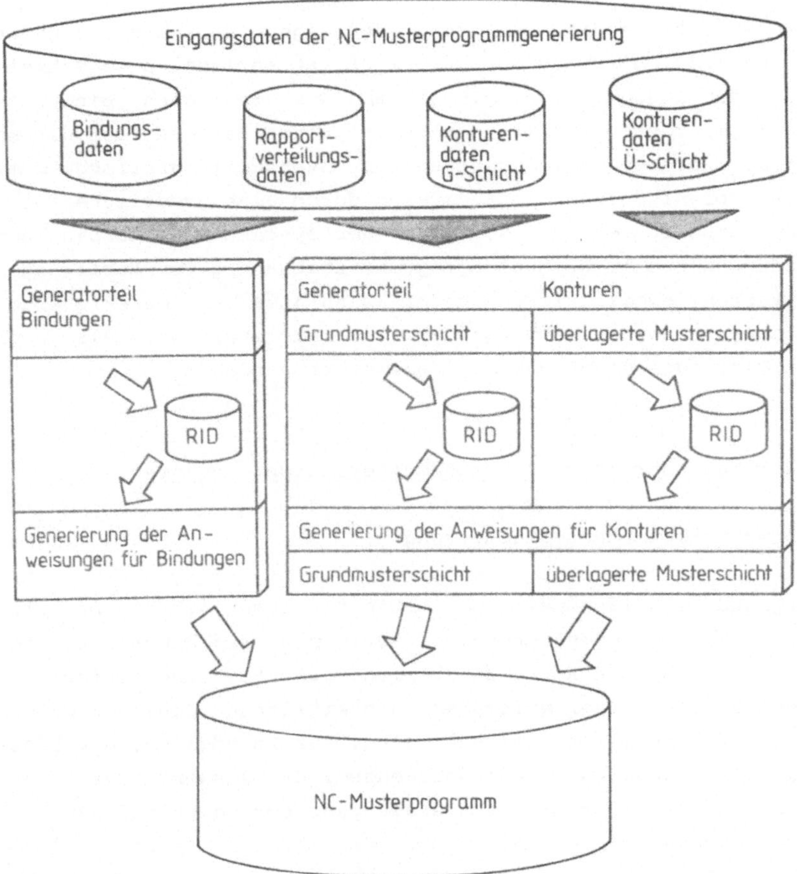

Bild 6.2: Bausteine zum Generieren des NC-Musterprogrammes
(RID: rechnerinterne Darstellung, G-Schicht: Grundmusterschicht, Ü-Schicht: überlagerte Musterschicht)

Beim Generieren der Datenstruktur für die Bindungen entsprechend der NC-Programmierschnittstelle müssen daher die
- Daten der zweidimensionalen Bindungsmatrix sowie die
- bei der Programmierung des Gesamtteiles gemachten Angaben
  zur Bindungsrapportverteilung

ausgewertet werden. Aufgrund der wegen der Eindeutigkeit
ausschließlich bindungspunktorientiert verlangten Beschreibung der Bindungen ist die während des grafischen Bindungs-
programmierens erstellte, rechnerinterne Patrone fast direkt
ins NC-Musterprogramm übertragbar. Eventuelle grafische Symbole der Bindungselemente müssen durch alphanumerische Zeichen ersetzt werden. Weil auch der syntaktische Aufbau der
Bindungssätze im NC-Musterprogramm unabhängig vom Fertigungsverfahren spezifiziert wurde, kann hier der Generieralgorithmus, sowohl unabhängig vom Fertigungsverfahren als auch
vom Bindungselement selbst, realisiert werden.

6.2.3 Datenstruktur für Grundmusterschicht-Konturen

Optische Konturenprogrammierung

Aufgrund des flächenseitenorientierten Beschreibens von Konturen der Grundmusterschicht sowie des flächenorientierten
Beschreibens von Konturen überlagerter Musterschichten ist
hinsichtlich einer weitgehend einheitlichen Behandlung der
Musterflächen aller Schichten eine, sofern möglich, geschlossene Linienzugdarstellung anzuwenden. Das Auswerten der digitalen Musterbilder beruht deshalb ganz besonders auf dem
- Erkennen und
- Auswerten
der Konturenpunkte, d.h., die markanten Punkte (Kontureneckpunkte und Schnittpunkte) müssen ermittelt werden (Bild 6.3).

Eine derartige Datenaufbereitung, die vom Fertigungsverfahren
unabhängig ist, bringt zusätzlich Vorteile bei Probeläufen
bzw. bei der Inbetriebnahme des Programmiersystems mit sich.
Durch das Umsetzen der Informationen des digitalen Musterbildes in die Datenstruktur der, sofern möglich, geschlossenen
Linienzüge bei der grafischen Konturenprogrammierung, werden
zur NC-Programmierschnittstelle nur ein Zugang geschaffen und
somit die angestrebte reversible Modellbildung begünstigt.

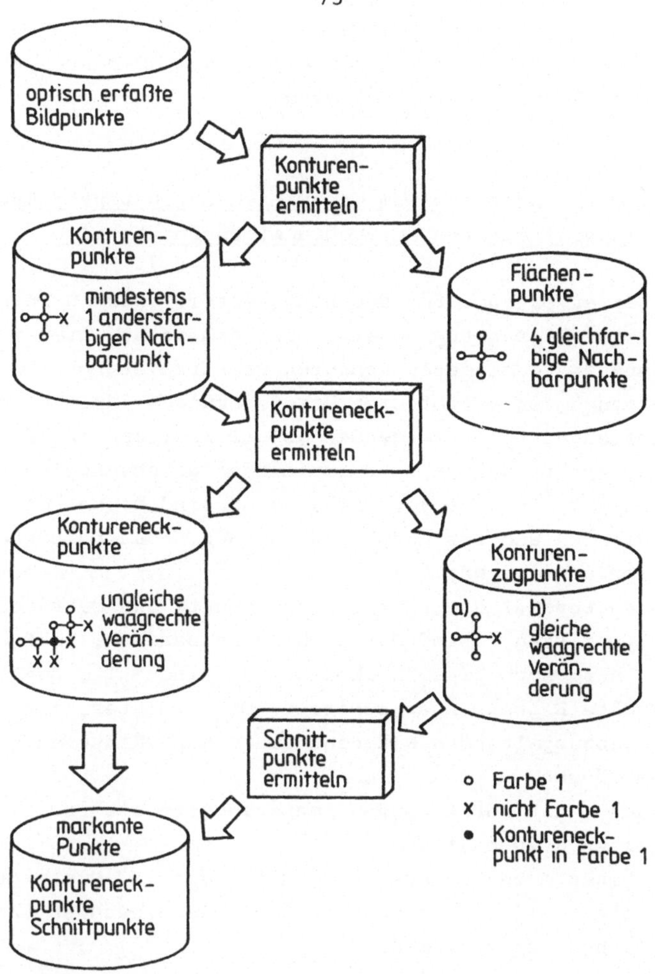

Bild 6.3: Bestimmung von Musterkonturen bei der optischen Musterprogrammierung

Grafische Konturenprogrammierung

Anhand der während des grafischen Programmierens der Flächenkonturen in ungeordneter Reihenfolge, d.h. in ihrer Programmierreihenfolge, zwischengespeicherten einzelnen Linienzügen müssen zunächst die zum Generieren der NC-Musterprogramme notwendigen Konturen gebildet werden.

Auswertung der Konturen zum Generieren der Datenstruktur nach der spezifizierten NC-Programmierschnittstelle

Der Generiervorgang für den Konturenteil der Grundmuster-schicht im NC-Musterprogramm, bei dem jetzt die für die Flächenmuster gebildeten Konturen weiterzuverarbeiten sind, muß aufgrund der getroffenen Vereinbarungen für die NC-Programmierschnittstelle folgenden Ablauf besitzen (<u>Bild 6.4</u>):

- Es muß geprüft werden, ob ineinander geschachtelte Flächen vorkommen. Ist dies der Fall, dann sind deren Konturen zu korrigieren und für neu hinzukommende Schattenflächen eigene Konturen zu erstellen.
- Alle Konturen, die mehrere Hochpunkte und mehrere Tiefpunkte besitzen, sind dahingehend abzuändern, daß sie jeweils nur noch einen Hochpunkt und einen Tiefpunkt bzw. waagrechte Begrenzungen besitzen. Das bedeutet, daß für die dabei abzuspaltenden Flächenteile eigene Konturen gebildet werden müssen.
- Von den jetzt vorliegenden Konturen sind die rechten Flächenseiten abzuspalten.
- Beim Generieren der Anweisungen für das NC-Musterprogramm sind schließlich noch Angaben über die Bindungen innerhalb der Flächenmuster zu machen.

Anhand dieser Abläufe ist zu erkennen, daß der Algorithmus für das Aufbereiten der Konturen gemäß der von der NC-Programmierschnittstelle geforderten Datenstruktur vom Fertigungsverfahren unabhängig ist.

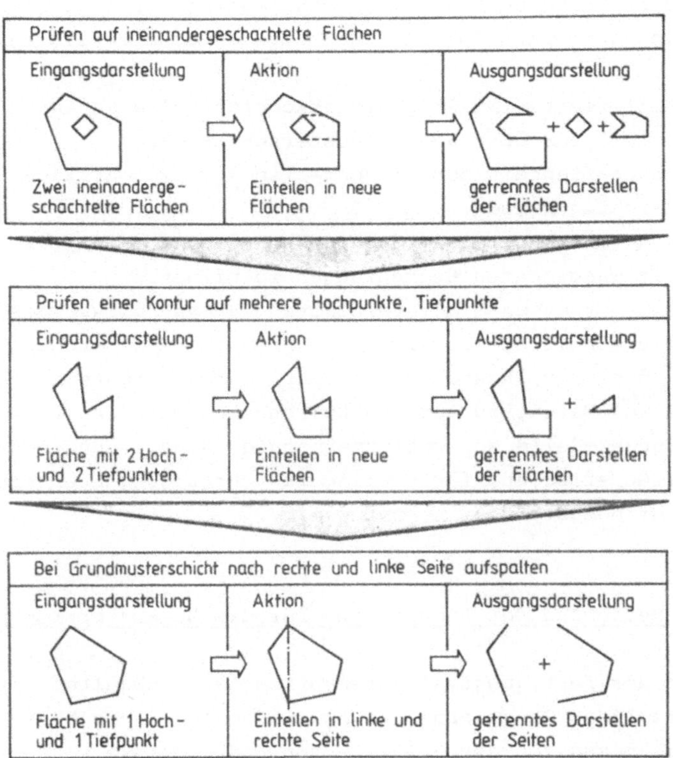

Bild 6.4: Ablauf beim Generieren der Datenstruktur entsprechend der spezifizierten NC-Programmierschnittstelle für Konturen in der Grundmusterschicht

6.2.4 Datenstrukturen für überlagerte Musterschichten

Aus Gründen der Eindeutigkeit des Musters muß das grafische Musterprogrammierverfahren derart aufgebaut sein, daß bereits während des Programmierens die Schichtzugehörigkeit einer Musterfläche erkennbar ist. Dadurch ist ein schichtspezifisches Generieren des NC-Musterprogrammes möglich. Das gesamte NC-Musterprogramm entsteht dann schließlich durch sequentielles Aneinanderreihen der schichtbezogenen Generierergebnisse.

Die spezifizierte NC-Programmierschnittstelle verlangt vom Generatorteil für überlagerte Musterschichten,
- die Beschaffenheit der Bindungen in den Musterflächen zu berücksichtigen und
- Konturen mit nur einem Hochpunkt und nur einem Tiefpunkt bzw. mit waagrechten Begrenzungen zu bilden.

Weil beim Erzeugen der vereinbarten Datenstruktur der NC-Programmierschnittstelle für Konturen in der Grundmusterschicht die für Konturen in überlagerten Musterschichten vereinbarte Datenstruktur als Zwischenergebnis entsteht und die Bindungsmodelle schichtenunabhängig sind, unterscheidet sich der Generierlauf für überlagerte Musterschichten von dem für die Grundmusterschicht nur wenig.

6.2.5 <u>Generierung der Anweisungen für das NC-Musterprogramm</u>

Aufgrund der fertigungsverfahrensorientiert gewählten Sprachworte kommt dem Generieren der Anweisungen für das NC-Musterprogramm bezüglich der angestrebten Unabhängigkeit der NC-Programmierschnittstelle vom Fertigungsverfahren die entscheidende Rolle zu. Betrachtet man die Bezeichner für die Sprachworte bei der Spezifikation als Parameter, dann ist es naheliegend, zur Lösung der hier gestellten Aufgabe einen über Parameter steuerbaren, d.h. konfigurierbaren, Generierablauf zu entwickeln /64/. Die zum Realisieren der Konfigurierbarkeit bekannte Methode mittels Tabellen ist dafür geeignet /61/.

Für die bindungspunktorientierten Bindungsrapporte reicht eine Tabelle aus, in der den Symbolen der grafischen Programmierung die der alphanumerischen zugewiesen sind (<u>Bild 6.5</u>). Dagegen ist beim Generieren der Bindungssätze, in denen die

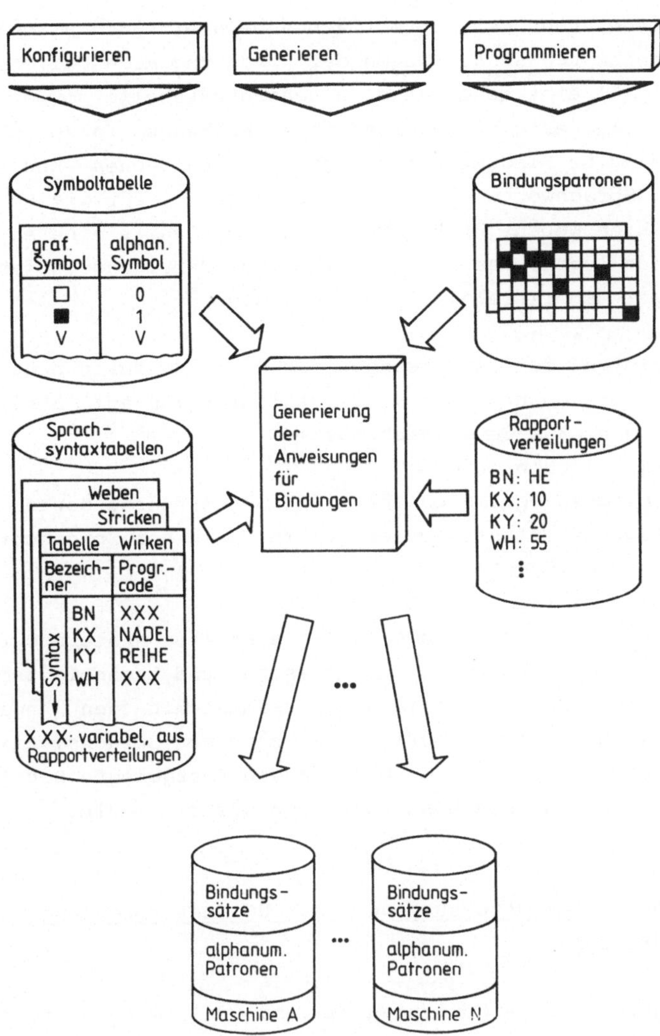

Bild 6.5: Generierung der Anweisungen für Bindungen im
NC-Musterprogramm
(BN: Bindungsname, HE: Bindungselement Henkel,
KX,KY: Koordinaten in X-, Y-Richtung, WH: Wieder-
holungsfaktor)

Rapportverteilungen der musterflächenübergreifenden Bindungsrapporte enthalten sind, wegen der Forderung nach beliebiger
Sprachwortwahl eine sogenannte Sprachsyntaxtabelle notwendig.
Diese Tabelle erlaubt aufgrund ihres Aufbaues entsprechend
der festgelegten Bindungssatzstruktur ein einfaches Konfigu-
rieren der Sprachworte. Wegen der Möglichkeit, für die Fertigungsverfahren Weben, Wirken und Stricken jeweils eine eigene
Tabelle anzulegen, ist somit ein vom Fertigungsverfahren
unabhängiger Generieralgorithmus realisierbar.

Das Generieren der Anweisungen für das NC-Musterprogramm
bezüglich der Konturen der Musterschichten muß auf ähnliche
Weise erfolgen. Zum Generieren müssen
- die geometrischen und
- technologischen Parameter für jede Musterfläche sowie
- die fertigungsverfahrensorientierten Namen der Sprachworte
bekannt sein (<u>Bild 6.6</u>).

Die beim grafischen bzw. optisch interaktiven Musterprogrammieren mit Daten versorgten geometrischen und technologischen
Parameter der Musterflächen sind zusammen mit den Angaben
der jeweiligen fertigungsverfahrensabhängigen Sprachsyntaxtabelle zu verarbeiten. Ihr Aufbau muß die festgelegte Schnitt-
stellenstruktur für die Musterkonturen widerspiegeln.

6.2.6 <u>Ergebnis der Untersuchungen zum NC-Musterprogramm-
      generieren</u>

Die vorgestellten Algorithmen zeigen, daß, allein mittels
eines über Tabellen konfigurierbaren Generators für grafisch
oder optisch programmierte Muster, rechnerunterstützt NC-
Musterprogramme je nach gewünschtem Fertigungsverfahren erstellt werden können. Für die Erfüllbarkeit der erhobenen
Forderung nach einer für die Fertigungsverfahren Weben, Wirken und Stricken geeigneten NC-Programmierschnittstelle ist
damit ein weiterer wichtiger Nachweis erbracht.

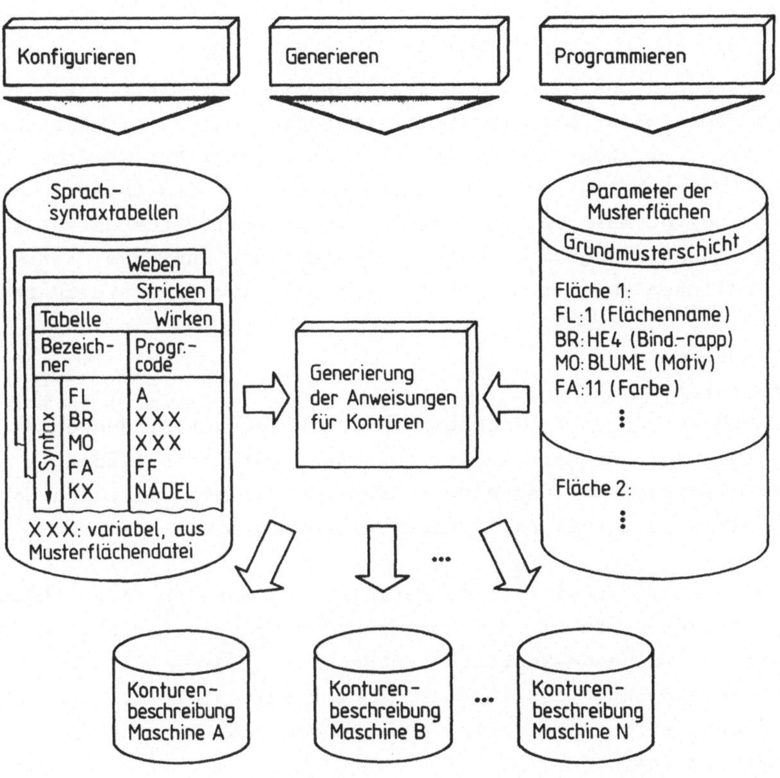

Bild 6.6: Generierung der Anweisungen für die Konturen der Musterflächen

(A: Fläche, BR: Bindungsrapport, FA: Farbe, FF: Fadenführer, Fl: Fläche, HE: Bindungselement Henkel, KX: Koordinate in X-Richtung, MO: Mustermotiv)

6.3 Datenrückübersetzung

Aufgrund der Tatsache, daß der Ablauf des NC-Musterprogramm-
generierens unabhängig vom Fertigungsverfahren erfolgt, ist
auch der Ablauf beim Rückübersetzen mit dieser Eigenschaft
realisierbar. Wegen der vorgegebenen Struktur der NC-Programmierschnittstelle muß der Rückübersetzer für das Umsetzen der
Daten des NC-Musterprogrammes in die Datenstruktur der grafischen Musterprogrammierung grundsätzlich aus zwei unterschiedlichen Modulen bestehen, und zwar für die vereinbarten
Beschreibungsformen von

- Bindungen und
- Konturen.

Das Rückübersetzen bindungspunktbeschriebener Bindungen ist
mit der beim Generieren der Anweisungen für die Bindungen im
NC-Musterprogramm verwendeten Tabelle einfach durchführbar.
Deshalb wird darauf nicht näher eingegangen.

Infolge der Schnittstellendefinitionen muß der Algorithmus
zum Rückübersetzen, die Konturen der Grundmusterschicht be-
treffend, folgende Schritte umfassen:

- Konturenpunkte der rechten Konturenseiten direkt aus den
  flächenseitenorientierten Anweisungen des NC-Musterprogrammes ermitteln,
- "Aufrufe" der aktuell betrachteten Fläche in den sonstigen
  flächenseitenorientierten Anweisungen des Musterprogrammes
  suchen und dadurch die Konturenpunkte für die linke Kon-
  turenseite (bei geschlossener Kontur) ermitteln,
- geschlossene Linienzüge mit nur einem Hochpunkt und einem
  Tiefpunkt bzw. waagrechten Begrenzungen in immer gleichem
  Richtungssinn bilden,
- "augengerecht" zusammengehörende Musterflächen zusammenfassen (Bild 6.7).

Um eine Unabhängigkeit dieses Algorithmus vom Fertigungsverfahren zu erreichen, müssen die Sprachworte wiederum in einer
Sprachsyntaxtabelle vereinbart sein, so daß die

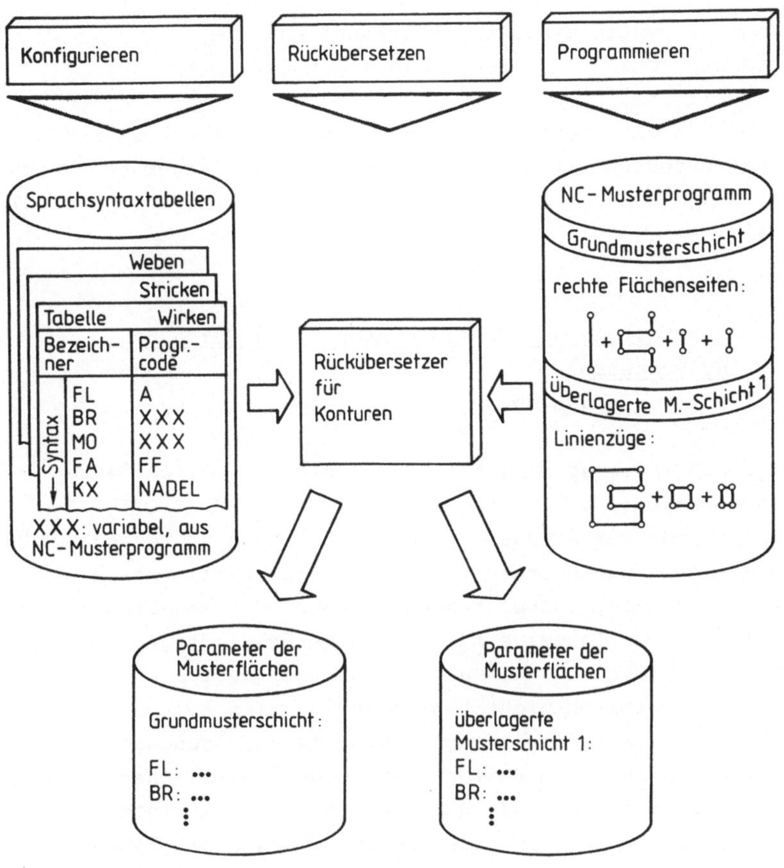

<u>Bild 6.7</u>: Arbeitsweise des Rückübersetzers zur Verwirklichung der reversiblen Modellbildung die Konturen der Musterflächen betreffend
(A: Fläche, BR: Bindungsrapport, FA: Farbe, FF: Fadenführer, Fl: Fläche, HE: Bindungselement Henkel, KX: Koordinate in X-Richtung, MO: Mustermotiv)

- Konturenpunkte syntaktisch erkannt und die
- geometrischen und technologischen Parameter der Flächen
  aktualisiert

werden können. Wegen den bereits in Form geschlossener Linienzüge programmierten Musterflächen der überlagerten Musterschichten vereinfacht sich für diese das Rückübersetzen (Bild 6.7).

6.4 Abarbeitung des NC-Musterprogrammes durch den NC-Processor

6.4.1 Anforderungen an den NC-Processor

Für den NC-Processor gibt es drei unterschiedliche Arten von Anforderungen:

- Ausgehend vom NC-Musterprogramm müssen die Steuerdaten für die einzelnen Mustereinrichtungen je Fertigungsreihe erzeugt werden, wobei technologische Gegebenheiten des jeweiligen Fertigungsverfahrens zu berücksichtigen sind.
- Das Abarbeiten des NC-Musterprogrammes darf den Fertigungsprozeß zeitlich nicht behindern.
- Für die Mustereinrichtungen sind je Fertigungsreihe Daten für die Anzeige am Bedienungsfeld der numerischen Steuerung bereitzustellen; des weiteren sind beim Interpretieren erkannte Fehler (Syntaxfehler im NC-Musterprogramm, Maschinenschaden verursachende Verfahrwegsfehler) anzuzeigen.

Da der NC-Processor zu einem großen Teil fertigungsspezifisch ist, soll am Beispiel für eine Einfaden-Flachwirkmaschine erläutert werden, was diese Tatsache an Anforderungen mit sich bringt. Für den Nichttextilfachmann sei auf die Erläuterung des Einfaden-Flachwirkens im Anhang hingewiesen. Als besondere Gegebenheiten der Wirktechnologie, die nicht unmittelbar dem NC-Musterprogramm zu entnehmen sind, sind z.B. zu nennen:

- Die Verknüpfung zweier Musterflächen muß erkannt und nach einem bestimmten Ablauf ausgeführt werden.

- Kommt in einer Reihe, in der Musterflächen neu beginnen oder enden, die Deck- oder V-Deckeinrichtung zum Einsatz, so müssen für diese Reihe NC-Steuerdaten in Form von drei verschiedenen Verfahrsätzen (NC-Sätze) generiert werden. Im ersten Satz werden die Fadenführer positioniert, im zweiten kommen die genannten Einrichtungen zum Einsatz, und im dritten wird die Wirkreihe ausgebildet.
- Beim Beginn des Bildens eines V-Ausschnittes sind die den Ausschnitt herstellenden Fadenführer auf eine spezielle Art zu verfahren.
- Bei Flächenwechseln sind die Fadenführer in Abhängigkeit der späteren Kulierrichtung um eine Nadel mehr oder weniger zu positionieren, um Löcher im Gewirk zu verhindern.
- Beendet ein Fadenführer seine Arbeit, dann wird er zunächst am Teilerand positioniert. Durch das Bilden einer neuen Wirkreihe wird sein Faden dort eingebunden, so daß durch spätere Bewegungen des Fadenführers keine Maschen im Teil ungewollt zusammengezogen werden. Erst nach dem Einbinden verläßt der Fadenführer das Teil.

Im folgenden ist nun darzulegen,
- inwieweit der NC-Processor durch einen geeigneten Aufbau dennoch unabhängig vom Fertigungsverfahren realisiert werden kann und
- welche Verfahren zur NC-Steuerdatenerzeugung notwendig sind, um den zeitlichen Anforderungen gerecht zu werden.

6.4.2 NC-Processorteil für Bindungen

Übersetzer bestehen im Prinzip aus zwei Teilen. Ein Teil dient zum Decodieren der Eingabedaten; der andere Teil erzeugt die geforderten Ausgabedaten. Beim Decodieren müssen die Eingabedaten in einer rechnerinternen Datenstruktur abgebildet werden. Diese Datenstruktur ist weitgehend durch die

- Syntax der Eingabedaten sowie die
- geforderten Ausgabedaten

festgelegt.

Anhand unterschiedlicher Realisierungen hat sich gezeigt, daß
beim Übersetzen des NC-Musterprogrammes bezüglich des Bindungsteiles einer Musterschicht das Decodierergebnis in eine
dynamisch verkettete Liste einzutragen ist (Bild 6.8).
Aufgrund mehrerer gleichzeitig in einer Fertigungsreihe herzustellender, unterschiedlicher Bindungsrapporte ist eine
dynamische Listenverwaltung notwendig. Jeder Aufruf eines
Bindungsrapportes im NC-Musterprogramm erfordert einen eigenen Listenblock, der beim Aufruf aus der "freien" Liste
"auszuleihen" und nach der Rapportherstellung wieder an diese
zurückzugeben ist. Die Anzahl insgesamt verfügbarer Listenblöcke ist durch die gleichzeitig in einer Reihe herstellba-
ren Bindungsrapporte festgelegt. Sowohl die Sprachsyntax als
auch die zeitlichen Anforderungen vom Fertigungsprozeß bestimmen den Aufbau eines Blockes in der Liste:
- Der Bindungsrapportname zeigt auf die alphanumerische Bindungspatrone im NC-Musterprogramm. Dieses Blockelement ist
  aufgrund der Rapportprogrammiermöglichkeit mit Wiederholungsfaktoren notwendig.
- Die Blockelemente "nächste Aufrufreihe" sowie "Schrittwei-
  te" sind ebenfalls für das weitere Decodieren während der
  Musterfertigung erforderlich.
- Der Lesezeiger auf die aktuelle Decodierstelle in der alphanumerischen Bindungspatrone wird hinsichtlich Rechen-
  zeitersparung benötigt.

Wegen der vom Fertigungsverfahren unabhängigen NC-Programmierschnittstelle sind diese Vorgehensweise und diese Listen-
struktur beim Decodieren der Bindungsteile des NC-Musterprogrammes für die genannten Fertigungsverfahren allgemein anwendbar. Im Gegensatz dazu ist das Aufbereiten der NC-Steuerdaten anhand der alphanumerischen Bindungspatrone ganz spe-

ziell auf das Fertigungsverfahren und auf die bindungsherstellenden Einrichtungen zugeschnitten. Aufgrund der unterschiedlich arbeitenden Einrichtungen gilt dies für

- die als Zyklen in der numerischen Steuerung implementierten Herstellungsabläufe und
- den Off-line-Processorlauf für die noch manuell einzustellenden Einrichtungen.

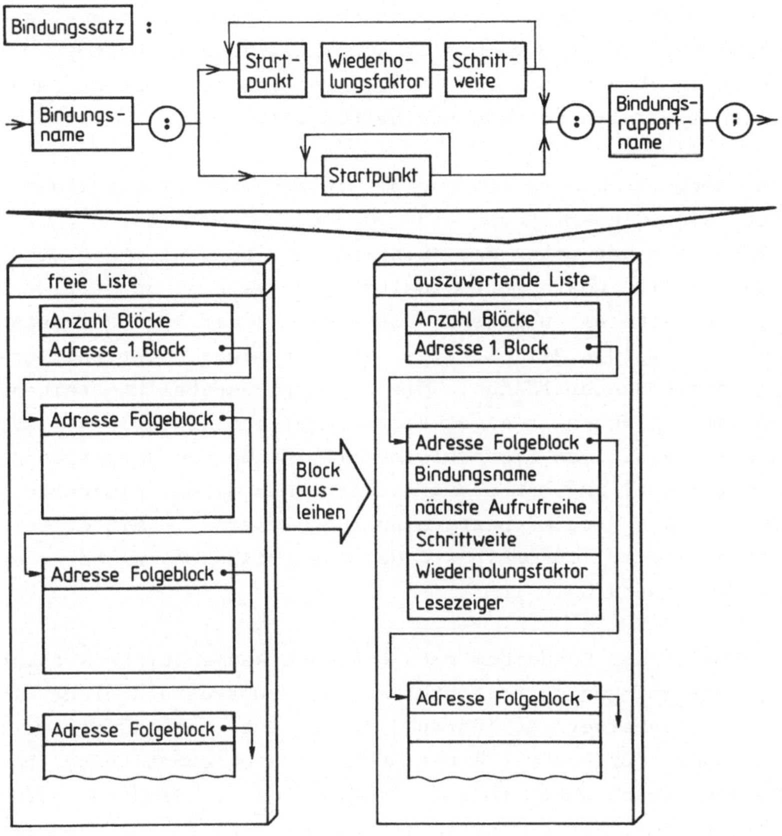

<u>Bild 6.8</u>: Arbeitsweise beim Decodieren der "Bindungen" im NC-Musterprogramm

6.4.3 NC-Processorteil für Grundmusterschicht-Konturen

Auch der Übersetzungsvorgang für die Konturenteile im NC-Musterprogramm läßt sich in einen Decodierteil und in einen Teil zum Generieren der NC-Steuerdaten gliedern. Das Übersetzen der flächenseitenorientiert beschriebenen Konturen erfolgt allerdings wegen dieser Beschreibungsform grundlegend anders, als dies bei sonst bekannten Programmiersprachen, wie z.B. bei BASIC oder auch DIN 66 025, geschieht. Programme in diesen Sprachen werden, ausgenommen an Verzweigungsstellen, Programmzeile für Programmzeile sequentiell abgearbeitet. Die im Programmablauf folgende Zeile wird erst bearbeitet, wenn die aktuelle Zeile zu Ende bearbeitet ist.

Wegen der im NC-Musterprogramm verketteten Musterflächen bietet sich die Anwendung einer dynamisch verketteten Liste zum Verwalten der Daten der Musterflächen an. Wie beim Decodieren der Bindungsrapporte besitzt jede aktuell zu fertigende Musterfläche einen eigenen Listenblock, der ihre Parameter speichert (Bild 6.9). Entsprechend der programmierten Verknüpfung der Musterflächen, die mit der Herstellungsreihenfolge der Flächen in einer Fertigungsreihe identisch ist, müssen die einzelnen Listenblöcke miteinander verkettet sein. Nach Fertigstellung einer Musterfläche muß deren Listenblock wieder in die "freie" Liste eingefügt werden, damit er reihenmäßig später zu bearbeitenden Musterflächen wieder zur Verfügung steht.

Hinsichtlich der Forderung nach geringem Rechenzeitbedarf ist für jede Anweisung einer Kontur in der Grundmusterschicht ein eigener Lesezeiger zu führen. Dieser ist notwendig, weil gerade das Durchsuchen eines NC-Musterprogrammes nach bestimmten Sprachworten sehr zeitintensiv ist. Dadurch kommt nun der Vorteil des zeitoptimalen Abarbeitens der flächenseitenorientierten Beschreibungsform voll zum Tragen, da bei ihr nicht in jeder Fertigungsreihe im NC-Musterprogramm decodiert werden muß.

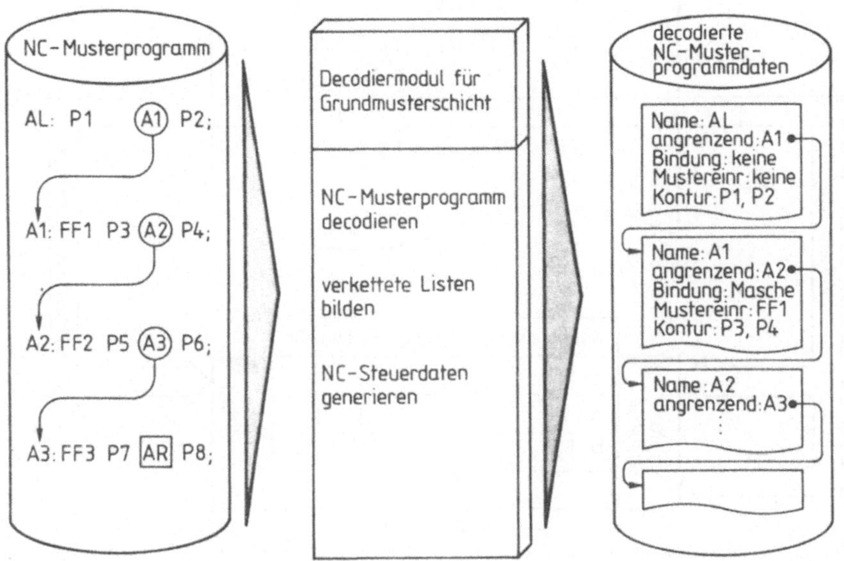

Bild 6.9: Arbeitsweise beim Decodieren der "Konturen" der
Grundmusterschicht im NC-Musterprogramm
(A: Fläche, AL, AR: linke, rechte Fläche,
FF: Fadenführer, P: Positionen Bindungselemente)

Wegen der Forderung, das NC-Programmiersystem weitgehend los-
gelöst vom textilen Fertigungsverfahren zu realisieren, muß
der Konturendecodierteil des NC-Processors in Verbindung mit
Konfiguriertabellen arbeiten, über die dem Decodieralgorith-
mus die fertigungsspezifischen Sprachworte bekannt gemacht
werden (Bild 6.10). Diese Tabellen enthalten entsprechend der
Syntaxstruktur der flächenseitenorientierten Beschreibungsform die gültigen Sprachworte.

Das Generieren der NC-Steuerdaten erfolgt nun anhand
- der in den Listenblöcken enthaltenen Daten (Bild 6.11)
  sowie
- des den Fertigungsablauf beschreibenden Algorithmus.

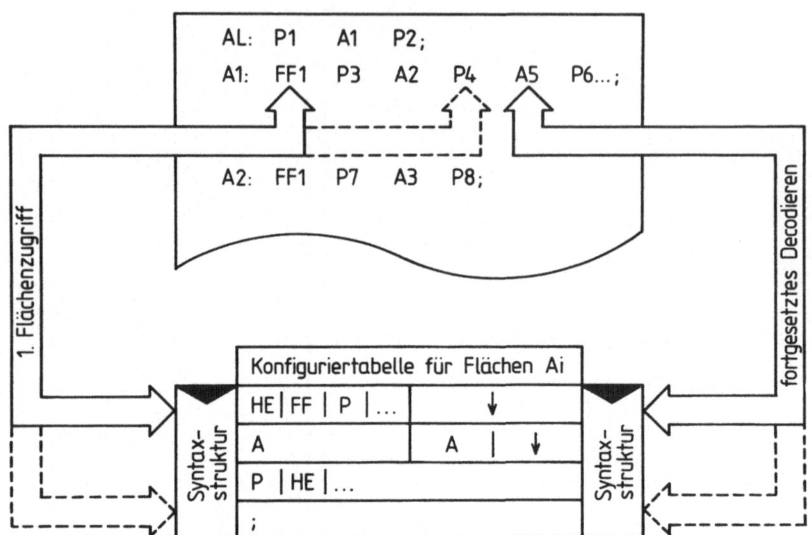

Bild 6.10: Decodieren mit in Konfiguriertabelle enthaltenen
gültigen Sprachworten
(A: Fläche, FF: Fadenführer, HE: Bindungselement
Henkel, P: Positionen Bindungselemente, ↓: weiter)

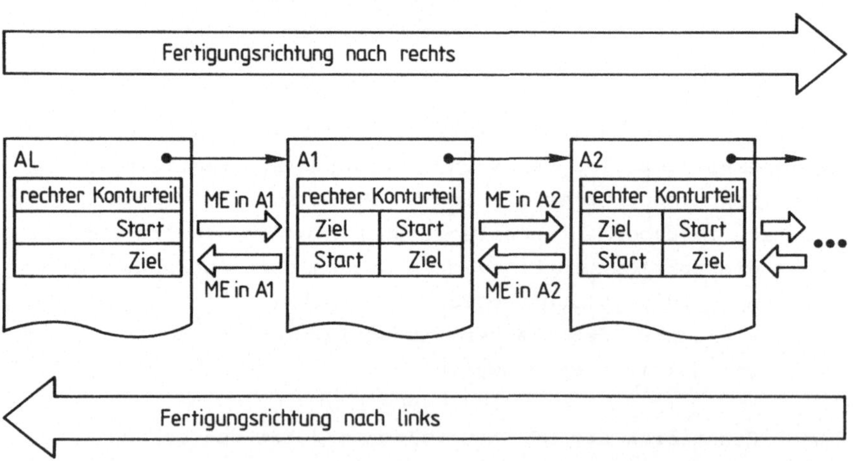

Bild 6.11: Ermittlung der Verfahrwege der Mustereinrichtungen (A: Fläche, ME: Mustereinrichtung)

Die dynamisch verkettete Liste ist hier sehr von Vorteil, weil die Anzahl der in einer Fertigungsreihe liegenden Musterflächen dadurch leicht zu ermitteln ist. Außerdem sind die Start- und Zielpunkte derjenigen Mustereinrichtungen, die entsprechend der Geometrie der Musterflächen zu bewegen sind, je Fertigungsreihe wegen der Verkettung über eine lineare Interpolation einfach zu bestimmen; die Listenblöcke enthalten die markanten Punkte des NC-Musterprogrammes.

Die Gegebenheiten der jeweiligen Fertigungstechnologie erfordern teilweise eine bestimmte Reihenfolge beim Ansteuern der Mustereinrichtungen (vgl. Abschnitt 6.4.1). Dabei müssen nicht nur für eine Fertigungsreihe mehrere Sätze mit NC-Steuerdaten (NC-Sätze) erzeugt, sondern zum Einleiten der Bewegungen von Mustereinrichtungen bereits in NC-Sätzen vorheriger Fertigungsreihen entsprechende Kennungen gesetzt werden, die z.B. von einer integrierten speicherprogrammierten Steuerung auszuwerten sind. Die NC-Steuerdatenerzeugung ist deshalb nicht nur vom Fertigungsverfahren selbst abhängig, sondern auch noch von den Funktionsweisen der verwendeten Mustereinrichtungen. Daher ist dieser Teil des NC-Processors ganz auf die Textilmaschine, d.h. auf das Fertigungsverfahren und die Funktionsweise der Maschine, zugeschnitten.

6.4.4 NC-Processorteil für überlagerte Musterschichten

Aufgrund der Tatsache, daß auch beim Fertigen überlagerter Musterschichten
- nur in einer begrenzten Anzahl von Musterflächen je Fertigungsreihe gearbeitet wird,
- die programmierte Reihenfolge der Musterflächen nicht mit der der Fertigung übereinstimmt und

- wie bei den Konturen der Grundmusterschicht das stark an
  die Textilmaschine gebundene Generieren der NC-Steuerdaten
  zeitlich hohen Anforderungen unterworfen ist,

bietet sich der Umgang mit verketteten Listenblöcken hier ebenfalls an. Anhand der aus dem NC-Musterprogramm in die Blöcke eingetragenen Daten der Parameter der Musterflächen erfolgt das Erzeugen der NC-Steuerdaten für eine überlagerte Musterschicht in ähnlicher Weise wie für die Grundmusterschicht. Deshalb wird darauf hier nicht mehr weiter eingegangen.

6.4.5 Struktur des NC-Processors

Die vorgestellten Methoden zum Abarbeiten des NC-Musterprogrammes zeigen, daß das Decodieren unabhängig vom Fertigungsverfahren und der Textilmaschine realisierbar ist. Für das Generieren der NC-Steuerdaten trifft dies jedoch nicht zu. Um ein einfaches Anpassen des NC-Processors an eine andere Textilmaschine zu ermöglichen, um also eine weitgehende Wiederverwendbarkeit sicherzustellen, muß die Struktur des NC-Processors modular entsprechend der spezifizierten NC-Programmierschnittstelle sowie den erkannten Notwendigkeiten beim Abarbeiten des NC-Musterprogrammes sein (Bild 6.12, Bild 6.13).

Diese Einteilung erlaubt auch in der NC-Processorsoftware ein bausteinmäßiges Hinzufügen bzw. Entfernen von
- bindungsherstellenden Einrichtungen und
- Musterschichten
sowie ein bausteinorientiertes Ändern
- des Fertigungsverfahrens und
- der technologiebedingten Abläufe.

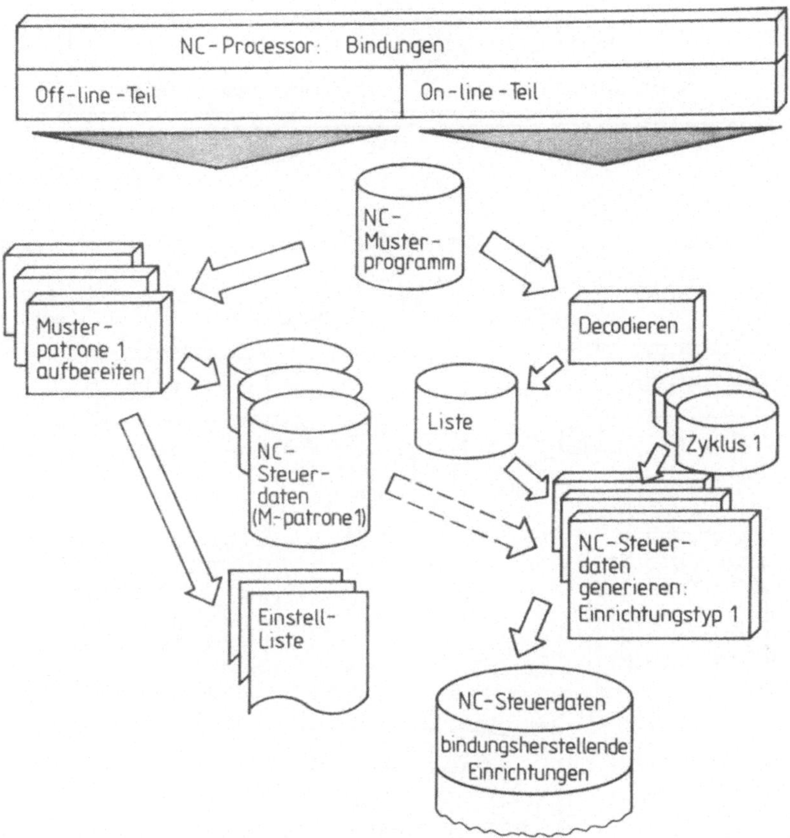

Bild 6.12: Struktur des "Bindungsteils" im NC-Processor zum Generieren der NC-Steuerdaten für bindungsherstellende Einrichtungen

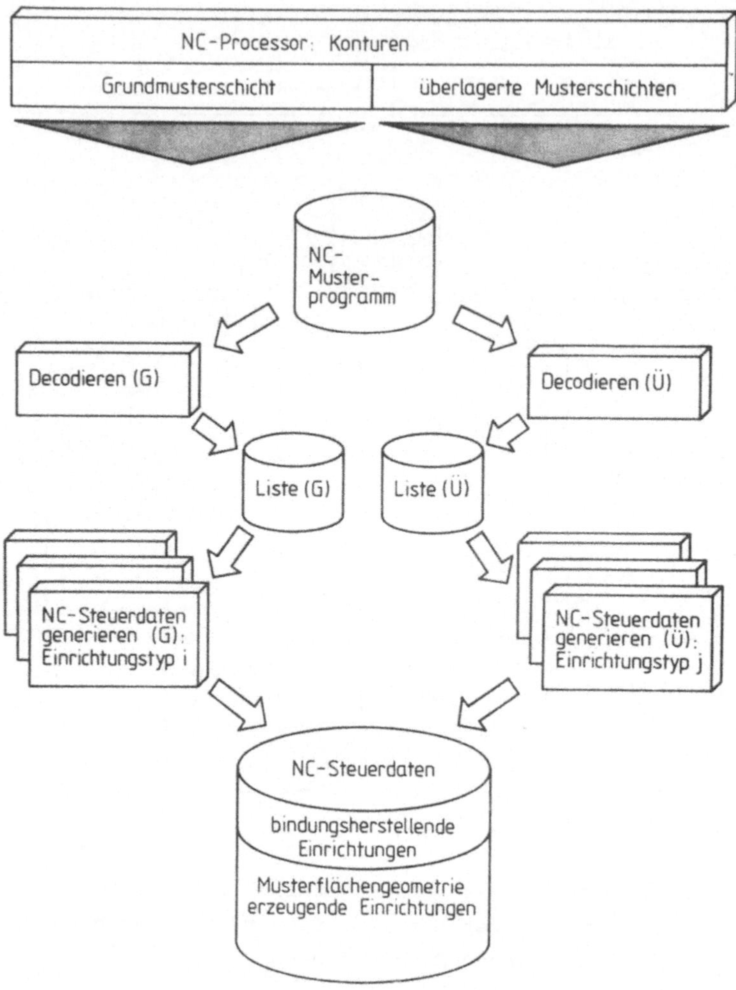

Bild 6.13: Struktur des "Konturenteils" im NC-Processor
zum Generieren der NC-Steuerdaten für die
Musterflächengeometrie herstellenden Einrichtungen
(G: Grundmusterschicht, Ü: überlagerte Musterschicht)

7 Realisierte Anwendung

7.1 Aufgabenstellung

Eine bisher von einem Lochband gesteuerte Einfaden-Flachwirkmaschine sollte mit einer numerischen Steuerung ausgerüstet
werden (Bild 7.1) /65/. Hauptforderung war hierbei, die Produktivität der Maschine durch schnelles Anpassen an neue
Muster zu steigern. Aufgrund unterschiedlicher Garnqualitäten
wurde verlangt, daß an der Maschine kurzfristig Musterkor-
rekturen durchzuführen sind, d.h. für in der Arbeitsvorbereitung erstellte Musterprogramme ist eine Werkstattprogrammierung notwendig, die ein komfortables Ändern der Musterprogramme ermöglicht.

Bild 7.1: Einfaden-Flachwirkmaschine mit der realisierten
numerischen Steuerung

Daraus resultiert folgende Forderung:
In die numerische Steuerung ist eine musterorientierte Programmierung zu integrieren.

Als Randbedingungen sind dabei zu berücksichtigen:
- Die bisherigen Fertigungszeiten für eine Wirkreihe sind zu
  erreichen.
- Eine grafische oder optische Musterprogrammierung an der
  numerischen Steuerung kann aus Kostengründen nicht als
  Standardlösung vorausgesetzt werden.
- Die Rechenanlage in der Arbeitsvorbereitung muß mit der
  numerischen Steuerung, entsprechend dem CIM-Gedanken, Daten
  austauschen können.

Wegen seiner besonderen Eignung für Problemlösungen im Son-
derwerkzeugmaschinenbau wurde für die Einfaden-Flachwirkmaschine, bei der 15 Achsen numerisch zu steuern sind, das
mpst-Steuerungssystem vorgesehen. Deshalb war der zu entwik-
kelnde NC-Processor in dieses System zu integrieren. Um den
Nachweis der Durchgängigkeit des technischen Informationsflusses zu führen, also das rechnergestützte Generieren der
Daten der NC-Programmierschnittstelle und deren rechner-
gestütztes Rückübersetzen in die Datenstruktur der grafischen
Musterprogrammierung, mußten zusätzlich zum NC-Processor
entsprechende Softwarebausteine entwickelt werden.

7.2 Struktur des Systems zur Musterdatenverarbeitung

Das entwickelte System zur NC-Musterdatenverarbeitung besteht
daher aus einem
- Generator, der das NC-Musterprogramm erzeugt, einem
- Rückübersetzer, der NC-Musterprogramme in die Datenstruktur
  der grafischen Musterdateneingabe transformiert und dem
- NC-Processor, der die fertigungsspezifischen NC-Steuerdaten
  erzeugt (Bild 7.2).

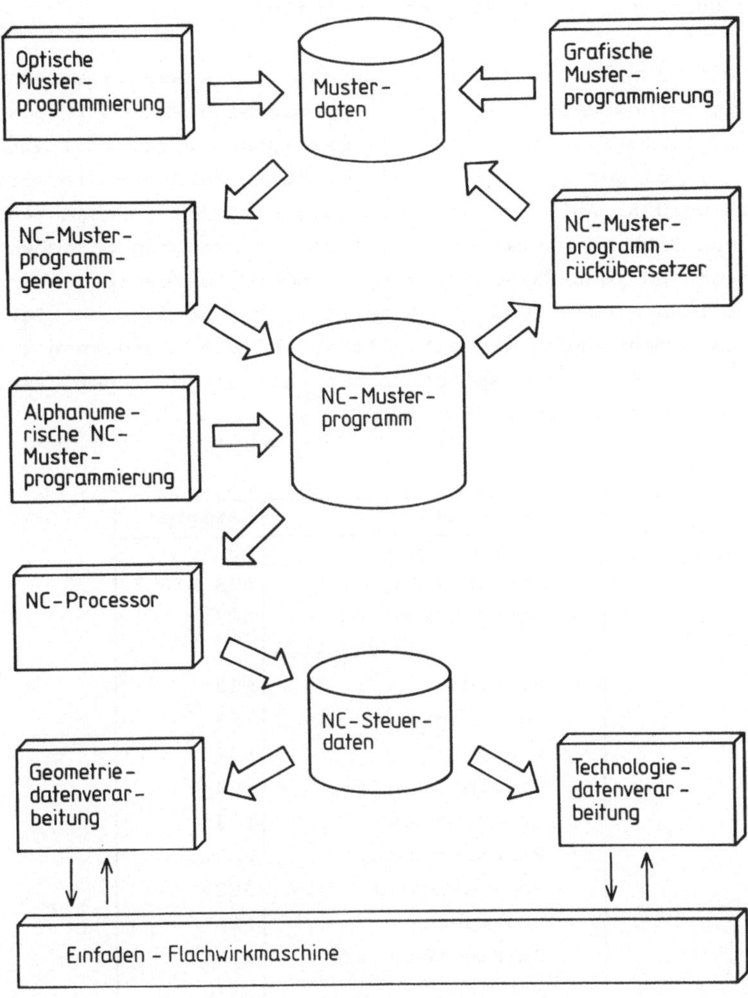

Bild 7.2: Struktur des Systems zur Musterdatenverarbeitung bei einer Einfaden-Flachwirkmaschine

7.3 Beispiele zur NC-Musterprogrammierung

Die Leistungsfähigkeit der in Abschn. 5.4 spezifizierten NC-Musterprogrammiersprache, die im folgenden PROCOL (Programming of Contours with Liaisons) bezeichnet wird, soll anhand zweier in dieser Sprache erstellter NC-Musterprogramme vorgestellt werden. Aufgrund der Notwendigkeit, die Sprache bedienerfreundlich zu gestalten, sind die verwendeten Sprachworte entsprechend den Namen der Muster oder Mustereinrichtungen dieser Technologie gewählt (Tabelle 7.1). Daß es sich hierbei nur um Abkürzungen handelt, liegt an der Forderung, den Bedarf an NC-Programmspeicherplatz bei bestmöglicher Lesbarkeit gering zu halten.

Sprachwort	Bedeutung	Beispiel
A	area, Fläche	A5
ABS	absolute Angabe	ABS N10
DE	Deckeinrichtung (Angabe für Versatz)	DE2
FE	Festigkeit	FE2
FF	Fadenführer	FF3
K	Kontur	K5
N	Nadelparameter	N60
P	Programmname	P123
PL	Plattiermuster	PL5
PE	Petinetmuster	PE2
PR	Preßmuster	PR1
R	Reihenparameter	R10
RN	Reihennummer (Reihe)	RN20
REL	relative Angabe	REL K3
VD	V-Deckeinrichtung (Angabe für Versatz)	VD2

Tabelle 7.1: Sprachworte in PROCOL für eine
Einfaden-Flachwirkmaschine

Das Musterbeispiel <u>Bild 7.3</u> besteht aus drei Farbflächen, die jedoch für die Beschreibung in PROCOL in vier Flächen einzuteilen sind (Abschnitt 5.3.2). Diese Einteilung kommt auch dem Wirkvorgang nahe, weil zwischen Reihe 120 und Reihe 150 der Fadenführer 3 aus Fläche A3 nicht gleichzeitig in der neu eingeführten Fläche A4 arbeiten kann. Deshalb muß für diese Fläche ein eigener Fadenführer vorgesehen werden, der ein Garn der gleichen Farbe wie Fadenführer 3 besitzt. Die rechte Flächenseite von A2 ist sinnvoll nur durch eine Punktemenge (Kontur K1) zu beschreiben. Der NC-Processor interpoliert linear zwischen diesen Punkten, deren Koordinaten Reihen oder Nadeln sind, sofern diese Punkte mehr als ein Bindungselement von einander entfernt liegen. Aus Komfort- und Speicherplatzgründen brauchen gleichbleibende Angaben nur einmal programmiert zu werden, also z.B., wenn sich eine angrenzende Fläche über mehrere Strecken hinweg erstreckt oder wenn sich mehrere vertikal verlaufende Strecken aneinanderreihen. Da das Mindern an den Teilerändern von der Deckeinrichtung ausgeführt wird, muß im NC-Musterprogramm die Anzahl der Nadeln angegeben werden, um die beim Deckvorgang verfahren wird, z.B mit der Anweisung DE2.

Im Musterbeispiel <u>Bild 7.4</u> sind die Musterflächen A2, A3, A4 und A5 zum Musterflächenrapport A7 zusammengefaßt. Die Möglichkeit, Musterflächenrapporte zu programmieren, zeigt somit, daß durch sie eine lesbare NC-Musterprogrammierung mit minimaler Anzahl von Konturenpunkten erreicht wird.

Diese Beispiele machen deutlich, daß bereits mit wenigen Programmzeilen umfangreiche Muster zu beschreiben sind. Die NC-Musterprogramme sind leicht nachzuvollziehen und somit bei Bedarf manuell einfach zu verändern. Ferner zeigt es sich, daß für das NC-Musterprogrammieren keine technologiebedingten Kenntnisse notwendig sind.

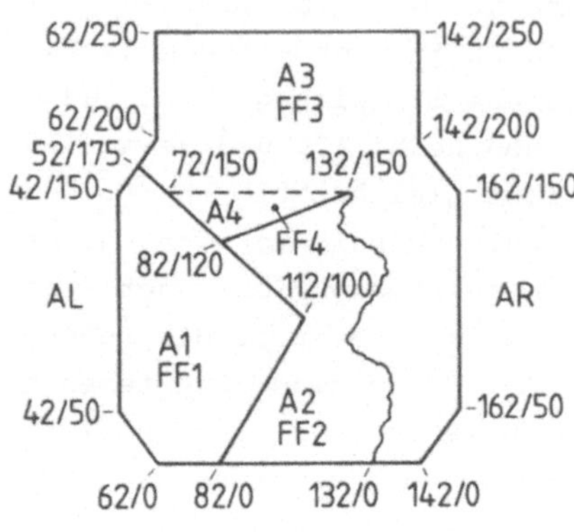


```
P123;
RN0:FF5 5 FF6 5 FF7 5 FF8 10
    FF4 200 FF9 200 DE 160;
AL:62 A1 42 RN50 RN150 52
   RN175 DE2 A3 62 RN200 DE2
   RN250;
A1:FF1 82 A2 112 RN100 82
   RN120 A4 72 RN150 A3 52
   RN175 15;
A2:FF2 132 A3 K1 15;
A3:FF3 142 AR 162 RN50 RN150
   142 RN200 DE2 RN250;
A4:FF4 82 A2 132 RN150 200;
K1:N? R? N? R? ... 132 RN150;
```

Bild 7.3: Beispiel eines PROCOL-NC-Musterprogrammes für
lineare und punktuelle Flächenkonturen
(alleinstehende Zahlen sind Nadelangaben, ? steht
für beliebige Zahl)

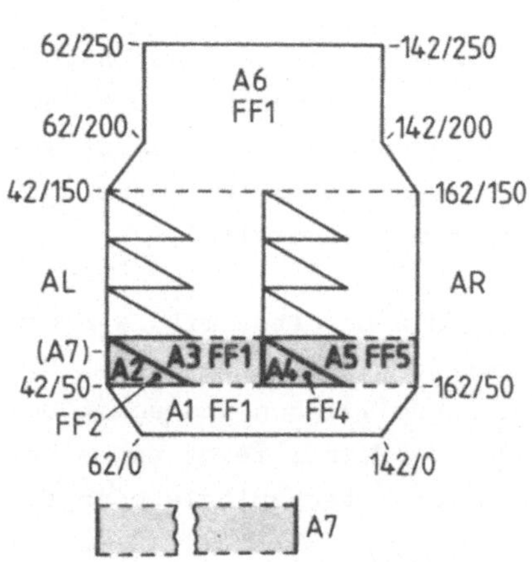


```
P345;
RN0:FF2 5 FF3 5 FF4 5 FF5 5
    FF6 10 FF7 10 FF8 10 FF9
    10 DE 160;
AL:62 A1 42 RN50 4(REL A7 0
   RN25) ABS A6 62 RN200 DE2
   RN250;
A1:FF1 142 AR 162 RN50;
A2:FF2 30 A3 -30 RN25;
A3:FF1 30 A4 0 RN25;
A4:FF4 30 A5 -30 RN25;
A5:FF5 30 AR 0 RN25;
A6:FF1 162 AR 142 RN200 DE2
   RN250;
A7:A2 RN25;
```

Bild 7.4: PROCOL-NC-Programm mit Musterflächenrapport
(alleinstehende Zahlen sind Nadelangaben)

7.4 Generierung und Rückübersetzung des NC-Musterprogrammes

Um den Nachweis der Erfüllbarkeit der gestellten Anforderungen an das Generieren der Daten gemäß der definierten NC-Programmierschnittstelle zu erbringen, wurde in der Programmiersprache PASCAL ein, wie gefordert, nicht an das Fertigungsverfahren gebundener Generator zum Erzeugen des NC-Musterprogrammteiles für die Grundmusterschicht nach den in Abschnitt 6.2 vorgestellten Algorithmen entwickelt. Die Realisierung ist deshalb auf das Generieren des NC-Musterprogrammteils für diese Musterschicht beschränkt, weil das Generieren des NC-Musterprogrammteils für eine überlagerte Musterschicht eine Untermenge des Generierens des NC-Musterprogrammteils für die Grundmusterschicht darstellt.

Der Bindungsgeneratorteil stellt die geringsten Anforderungen hinsichtlich Rechenzeitbedarf (Bild 7.5). Was die optische Musterprogrammierung betrifft, so hat sich gezeigt, daß das Verarbeiten der dabei eingegebenen Musterdaten mit zunehmender Bildpunkteanzahl sehr zeitintensiv wird (Bild 7.6). Diese Art der Musterprogrammierung muß deshalb aus Gründen der Produktivität parallel zur Musterfertigung ablaufen. Das Generieren der Daten der NC-Programmierschnittstelle, ausgehend von den zuvor berechneten Musterkonturen, ist im Vergleich dazu wesentlich weniger rechenzeitintensiv (Bild 7.7). Erfolgt dieses Generieren bei grafischer Werkstattprogrammierung jedoch in der numerischen Steuerung, so sollte diese zum Vermeiden größerer Maschinenstillstandszeiten eine simultane Bearbeitung mehrerer Rechenprozesse zulassen, weil mit zunehmender Anzahl von Musterflächen die Generierzeit zunimmt.

Der wegen Programmänderungen an der numerischen Steuerung für die Musterkonturenteile der Grundmusterschicht entwickelte Rückübersetzer erlaubt die Rückübersetzbarkeit der Daten der NC-Programmierschnittstelle in die Datenstruktur der grafischen Musterprogrammierung mit einem nicht allzu großen Re-

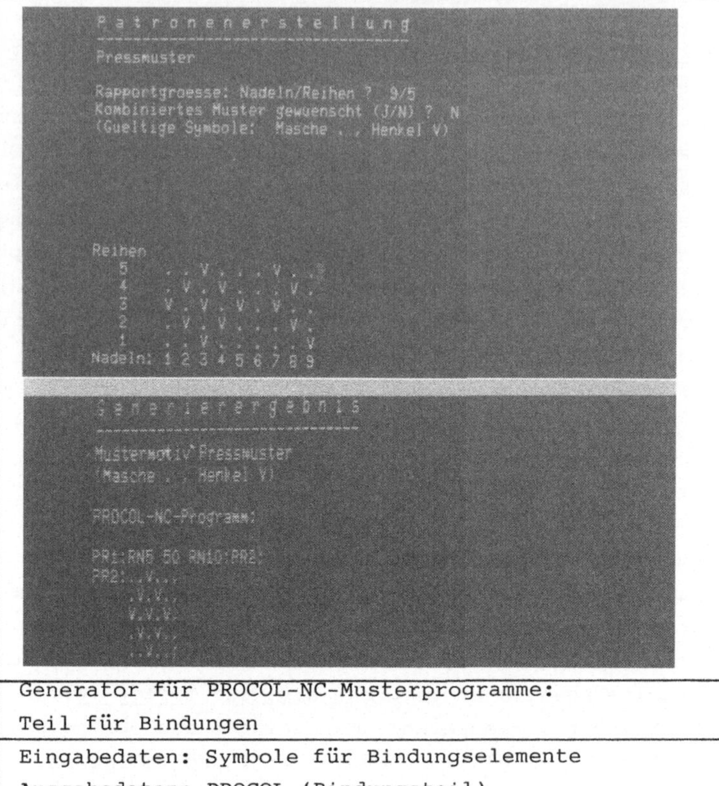

<table>
<tr><td colspan="2">Generator für PROCOL-NC-Musterprogramme:
Teil für Bindungen</td></tr>
<tr><td colspan="2">Eingabedaten: Symbole für Bindungselemente
Ausgabedaten: PROCOL (Bindungsteil)
Verwendete Programmiersprache: PASCAL
Programmspeicherplatz: 12 Kbyte
Abhängigkeit der Rechenzeit von:
- Rapportgröße,
- Komplexität des Musters.
Rechenzeitbeispiel: Rapport 15 Reihen, 20 Nadeln,
                      fünffache Rapportverteilung: 1,4 s
Zielrechner: VAX-11/780 der Fa. Digital Equipment</td></tr>
</table>

Bild 7.5: Technische Daten für den entwickelten Bindungsgeneratorteil zum Erzeugen von Bindungsdaten
gemäß den Vereinbarungen der NC-Programmierschnittstelle

chenzeitbedarf (<u>Bild 7.8</u>). Die Realisierung bringt somit den Nachweis, daß anhand dem in Abschnitt 6.3 vorgestellten Algorithmus die Forderung nach einem von der Textilmaschine unabhängigen Rückübersetzen erfüllbar ist.

<table>
<tr><td colspan="1">Modul zur Konturenbildung</td></tr>
</table>

Modul zur Konturenbildung
Eingangsdaten: digitale Bildpunkte
Ausgangsdaten: Konturen
Verwendete Programmiersprache: PASCAL
Programmspeicherplatz: 39 Kbyte
Abhängigkeit der Rechenzeit von:
- Größe der Bildpunktematrix,
- Anzahl verschiedenfarbiger Flächen,
- Anzahl der Konturenpunkte.
Rechenzeitbeispiel: a) 20 X 20 Bildpunktematrix: 30,7 s
b) 35 X 35 Bildpunktematrix: 195,2 s
Zielrechner: VAX-11/780 der Fa. Digital Equipment

<u>Bild 7.6</u>: Technische Daten für den entwickelten Generatorteil zum Erzeugen von Musterkonturen anhand optisch erfaßter Musterdaten

7.5   <u>Erzeugung der NC-Steuerdaten</u>

Das zeitgerechte Erzeugen der NC-Steuerdaten ist infolge der vom Fertigungsprozeß gestellten Echtzeitanforderungen für die vorgestellte NC-Programmierschnittstelle das für den praktischen Einsatz maßgebliche Kriterium. Wegen manuell einzustellender Bindungseinrichtungen hat sich hinsichtlich des deshalb notwendigen Off-line-Teils des NC-Processors bestätigt, daß eine Softwareunabhängigkeit von der zu steuernden Textilmaschine bzw. den bindungsherstellenden Einrichtungen nicht erreicht werden kann. Wichtig ist jedoch der Nachweis der kurzen Rechenzeiten zum Erzeugen der NC-Steuerdaten für die

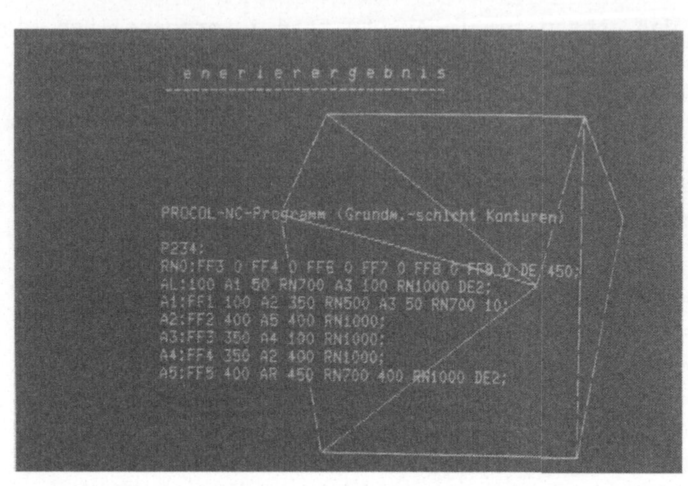

Generator für PROCOL-NC-Musterprogramme:

Teil für Konturen

Eingabedaten: Konturen

Ausgabedaten: PROCOL (Konturenteil Grundmusterschicht)

Verwendete Programmiersprache: PASCAL

Programmspeicherplatz: 45 Kbyte

Abhängigkeit der Rechenzeit von:

- Anzahl der Flächen,

- Anzahl neu zu bildender Flächen,

- Anzahl der Konturenpunkte.

Rechenzeitbeispiel: a) 7 Flächen: 7,9 s

b) 21 Flächen: 40,3 s

Zielrechner: VAX-11/780 der Fa. Digital Equipment

Bild 7.7: Technische Daten für den entwickelten Generatorteil zum Erzeugen der Konturendaten der Grundmusterschicht gemäß den Vereinbarungen der NC-Programmierschnittstelle

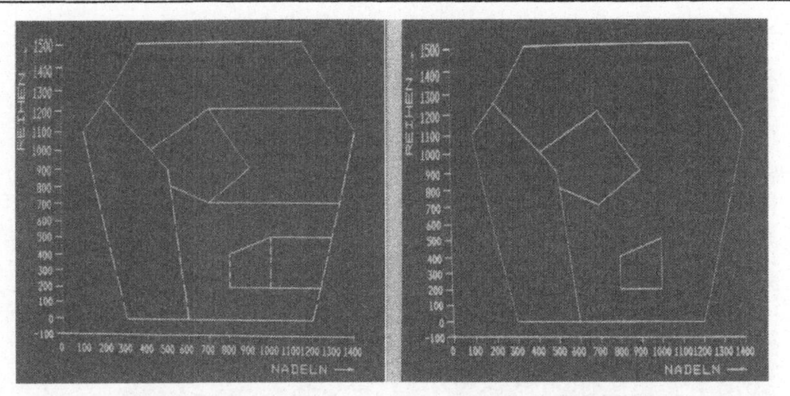

<table>
<tr><td colspan="1">Rückübersetzer von PROCOL-NC-Musterprogrammen:
Teil für Konturen</td></tr>
<tr><td>Eingabedaten: PROCOL (Konturenteil Grundmusterschicht)
Ausgabedaten: Konturen
Verwendete Programmiersprache: PASCAL
Programmspeicherplatzbedarf: 49 Kbyte
Abhängigkeit der Rechenzeit von:
- Anzahl der Flächen,
- Anzahl "augengerecht" zusammenzufassender Flächen,
- Anzahl der Konturenpunkte.
Rechenzeitbeispiel: a) 7 Flächen: 9,6 s
                     b) 21 Flächen: 48,8 s
Zielrechner: VAX-11/780 der Fa. Digital Equipment</td></tr>
</table>

Bild 7.8: Technische Daten für den entwickelten Rückübersetzer

bindungsherstellenden Einrichtungen und der Daten der Einrichtungsliste für den Bediener (Bild 7.9). Somit ist die
aufgrund des Programmierkomforts und der Rückübersetzung
notwendige, ausschließlich bindungspunktorientierte, also
mustereinrichtungsunabhängige, Programmiermethode in der Praxis einsetzbar, ohne daß die Produktivität der Maschine
dadurch wesentlich vermindert wird.

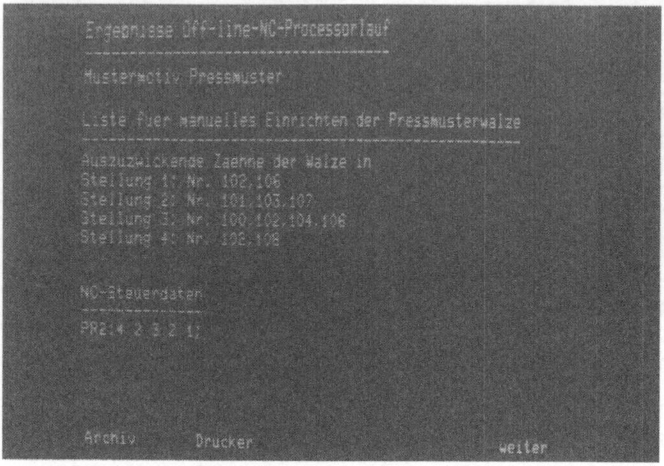

Ergebnisse Off-line-NC-Prozessorlauf

Musteraktiv Pressmuster

Liste fuer manuelles Einrichten der Pressmusterwalze

Auszuzwickende Zaehne der Walze in
Stellung 1: Nr. 102,106
Stellung 2: Nr. 101,103,107
Stellung 3: Nr. 100,102,104,106
Stellung 4: Nr. 102,108

NC-Steuerdaten

PR2:4 2 3 2 1;

Archiv   Drucker   weiter

NC-Processor für PROCOL-NC-Musterprogramme:
Off-line-Teil

Eingabedaten: Symbole für Bindungselemente

Ausgabedaten: NC-Steuerdaten je Reihe

Verwendete Programmiersprache: PASCAL

Programmspeicherplatz: 25 Kbyte

Abhängigkeit der Rechenzeit von:

- Rapportgröße,

- Komplexität des Musters.

Rechenzeitbeispiel: Rapport 15 Reihen, 20 Nadeln,
                    fünffache Rapportverteilung: 1,7 s

Zielrechner: VAX-11/780 der Fa. Digital Equipment

Bild 7.9: Technische Daten für den entwickelten Off-line-
Teil des NC-Processors zum Erzeugen von NC-Steuerdaten

Auf der Basis des Mikroprozessors Texas Instruments 9995 wurde der On-line-Teil des NC-Processors nach den in Abschn. 6.4 angestellten Überlegungen für das modulare Mehrprozessor-Steuersystem mpst entwickelt. Dabei konnte nachgewiesen werden, daß die angewendeten Algorithmen zum

- Decodieren des NC-Musterprogrammes sowie
- Generieren der NC-Steuerdaten

den zeitlichen und auch speicherplatzmäßigen Anforderungen gerecht werden (<u>Bild 7.10</u>). Die zum Decodieren erforderliche Zeit kommt zwar der minimalen Fertigungszeit für eine Wirkreihe nahe, die im Bereich einer Sekunde liegt, allerdings erfordert die gewählte Methode der Musterbeschreibung nur im ungünstigsten Fall ein Decodieren in jeder Fertigungsreihe. Die erforderliche Rechenzeit für das eigentliche Generieren der NC-Steuerdaten einer Reihe ist dagegen unbedeutend; sie beträgt ca. 10 ms.

Um dem Fall vorzubeugen, daß in mehreren aufeinanderfolgenden Reihen decodiert werden muß und dadurch die benötigte Decodierzeit größer als die gewünschte Fertigungszeit für eine Wirkreihe wird, ist an der Übergabestelle der NC-Steuerdaten zu dem diese Daten weiterverarbeitenden mpst-Softwaremodul Geometriedatenverarbeitung ein Pufferspeicher nach dem First-In-First-Out-Prinzip zu realisieren. Dieser kann NC-Steuerdaten für z.B. 10 Wirkreihen aufnehmen. Weitere Möglichkeiten zum Anpassen der Steuerung an den genannten ungünstigsten Fall sind aufgrund

- der über einen Parameter einzustellenden Größe dieses Speichers sowie
- der Modularität des mpst-Systems in Hardware und Software durch Implementieren des NC-Processors auf einer eigenen Mikrorechnerkarte

gegeben.

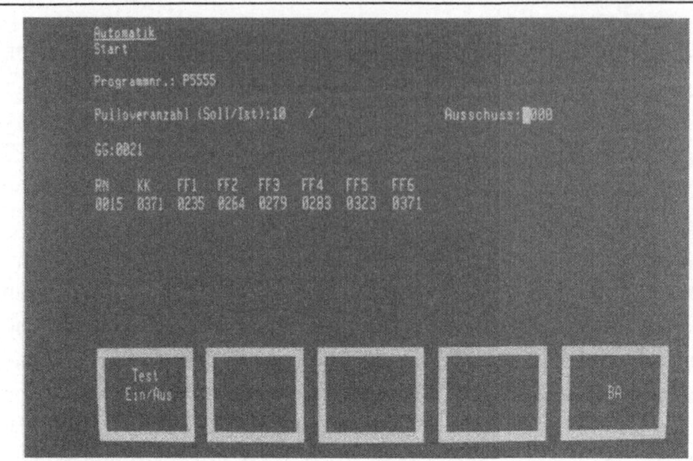

NC-Processor für PROCOL-NC-Musterprogramme:
On-line-Teil

Eingabedaten: PROCOL-NC-Musterprogramm

Ausgabedaten: NC-Steuerdaten je Reihe (Geometrie-, Techno-
              logiedaten)

Verwendete Programmiersprache: Texas Instruments-9995-
                               Assembler

Programmspeicherplatz: 12 Kbyte

Abhängigkeit der Rechenzeit von:

- Anzahl zu decodierender Anweisungen für Konturen in der
  Grundmusterschicht je Reihe (maschinenbedingt maximal 20),
- Anzahl zu berechnender Verfahrwege je Reihe (maschinenbe-
  dingt maximal 15),
- Anzahl zu decodierender Anweisungen für Konturen in über-
  lagerten Musterschichten je Reihe,
- Anzahl unterschiedlich herzustellender Bindungen je Reihe.

Rechenzeitbeispiel: a) 9 zu decodierende flächenseitenorien-
                       tierte Anweisungen: 1,12 s
                    b) 12 zu berechnende Verfahrwege: 10 ms

Zielrechner: mpst-Steuerung, Mikroprozessor Texas Instru-
             ments 9995

Bild 7.10: Technische Daten für den entwickelten On-line-
           Teil des NC-Processors

Wegen der im Decodierbaustein vom On-line-Teil des NC-Processors realisierten Konfigurierungsmöglichkeiten mittels Tabellen ist man nicht an besondere Sprachworte gebunden. Deshalb waren die hier für die Einfaden-Flachwirkmaschine speziell gewählten Sprachworte im NC-Processor ohne Softwareänderung zu implementieren. Eine kundenorientierte oder ggf. normgebundene Festlegung der Sprachworte ist aufgrund der durchgeführten Realisierung, ohne das Fachwissen des Entwicklers besitzen zu müssen, möglich. Die Abhängigkeit der entwickelten Programmteile vom Fertigungsverfahren entsprechen also den Überlegungen bei der Konzeption des NC-Processors.

8   <u>Zusammenfassung</u>

Bei Textilmaschinen sind Steuerungen auf der Basis von Mikro-
prozessoren noch nicht in gleicher Weise verbreitet wie bei
Werkzeugmaschinen. Gründe hierfür sind
- teilweise sehr hohe Geschwindigkeiten von zu steuernden
  Maschinenteilen,
- komplizierte Mechaniken der Maschinen, die auch bei Maschi-
  nen-Neukonstruktionen weitgehend beibehalten werden sowie
- kleinere Stückzahlen als bei Werkzeugmaschinen.
Der heutige Entwicklungsstand der digitalen Halbleitertechnik
ermöglicht jedoch mit Hilfe modularer Mikroprozessor-Steue-
rungen die Produktivität und Flexibilität von Textilmaschinen
wesentlich zu erhöhen. Besondere Bedeutung kommt hierbei der
Musterdatenerfassung sowie der NC-gerechten Musterdaten-
aufbereitung zu.

Mit dieser Zielrichtung wurden in dieser Arbeit zunächst die
zur Fertigung textiler Musterflächen hauptsächlich verwendeten Verfahren Weben, Wirken und Stricken untersucht. Neben
den zu steuernden Mustereinrichtungen an den Maschinen sind
auch die derzeitigen Musterprogrammierverfahren analysiert
worden. Als Ergebnisse sind zu nennen:
- Die Musterprogrammierung erfolgt zum Teil an komfortablen,
  jedoch noch fast ausschließlich maschinenfernen CAD-Arbeitsplätzen.
- Die Maschinensteuerungen sind teilweise noch ausschließlich
  mechanisch aufgebaut.
- Die an Mikrorechnersteuerungen möglichen Musterprogrammierverfahren sind grundsätzlich herstellerspezifisch, stark
  maschinengebunden und wenig komfortabel zu handhaben.

Ziel der vorliegenden Arbeit war daher die Spezifikation
einer NC-Programmierschnittstelle, die den Anforderungen der
arbeitsteiligen Welt, der z.B. über Digitalisierer automatischen und über Tastatur manuellen Handhabung sowie des Ferti-

gungsprozesses nachkommt. Die durchgeführte Spezifikation zeigt, daß es möglich ist, textile Muster unabhängig vom Fertigungsverfahren zu beschreiben.

Dadurch sind NC-Musterprogramme nach dieser Spezifikation rechnerunterstützt für eine Musterfertigung auf anderen Textilmaschinen aufbereitbar. Der vom CIM-Gedanken geforderte durchgängige technische Informationsfluß wird somit hier von einer sowohl in der Arbeitsvorbereitung als auch in der Werkstatt stattfindenden Musterprogrammierung nicht unterbrochen.

Um den theoretischen Nachweis der Realisierbarkeit dieser Aussage zu erbringen, wurden Algorithmen zum
- Generieren von NC-Musterprogrammen nach dieser Spezifikation,
- Rückübersetzen der NC-Musterprogramme in die rechnerinterne Datenstruktur der grafischen Musterprogrammierung sowie
- Erzeugen der maschinengebundenen NC-Steuerdaten
entwickelt.

Im letzten Teil der Arbeit wurde der praktische Nachweis durch die Anwendung der entworfenen NC-Programmierschnittstelle bei einer Einfaden-Flachwirkmaschine geführt. Es zeigte sich dabei, daß die Anforderungen von der Bedienbarkeit sowie vom Fertigungsprozeß her voll erfüllt werden.

<u>Anhang</u>

Zum besseren Verständnis der Arbeit für den weniger mit der Textilherstellung Vertrauten werden im folgenden kurz die Methoden der Musterherstellung bei Webmaschinen, Wirkmaschinen und Strickmaschinen sowie die Grundbindungen in textilen Mustern vorgestellt.

<u>Weben</u>

Man unterscheidet hauptsächlich zwischen Schaftweberei und Jacquardweberei /17/. Bei der Schaftweberei erfolgt die Fachbildung durch Heben bzw. Senken mehrerer Schäfte (<u>Bild A1</u>). Die Schäfte besitzen sogenannte Litzen, denen die einzelnen Kettfäden entsprechend der herzustellenden Bindungsart zugeordnet sind. Durch die Bewegungen der Schäfte werden ganze Fadengruppen gehoben bzw. gesenkt. Die Mustervielfalt ist durch die mechanisch begrenzte Anzahl der Schäfte (bis zu ca. 30) eingeschränkt. Demgegenüber kann bei der Jacquardweberei durch den Einsatz der Jacquardmaschine, die über der Webmaschine auf Trägern montiert ist, jeder Kettfaden einzeln gehoben oder gesenkt werden. Aus diesem Grund besitzt die Jacquardweberei wesentlich mehr Musterungsmöglichkeiten als die Schaftweberei.

Der Schußeintrag wurde früher durch den Webschützen vorgenommen; heute wird der Schußfaden "schützenlos" durch Greiferschützen, Luftdüsen oder Wasserdüsen eingetragen /17,18/. Anschließend an den Schußeintrag wird der Schußfaden vom Webblatt (Bild A1), durch welches alle Kettfäden hindurchlaufen, an das Gewebe angeschlagen. Danach kann eine neue Fachbildung erfolgen.

Zur Musterfertigung an der Maschine müssen abhängig vom Muster die Steuerdaten für die am Fertigungsvorgang beteiligten Maschineneinrichtungen ermittelt werden. Dies muß bei einer rechnerunterstützten Musterprogrammierung Aufgabe

des Programmiersystems sein. Anzusteuernde Einrichtungen bei
der Musterfertigung an einer Schaft-Greiferwebmaschine sind
- bis zu 30 Schäfte,
- die über eine Zahnstange miteinander gekoppelten Greifer-
  arme,
- die Einrichtung zur Auswahl des aktuellen Schußfadengarnes,
  der Kettbaum,
- das Webblatt sowie
- der Warenabzug.
Bei einer Jacquard-Greiferwebmaschine sind die Kettfäden einzeln zu selektieren, also anzusteuern. Die maximale Greifer-
geschwindigkeit beträgt ca. 40 m/s.

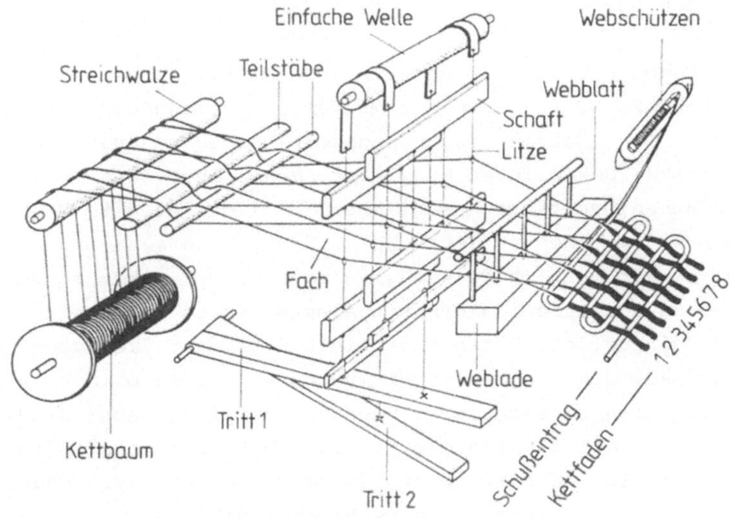

<u>Bild A1</u>: Prinzip des Schaftwebens /17/

<u>Wirken</u>

Maschenbildende Maschinen, bei denen die Nadeln gemeinsam
bewegt werden, werden als Wirkmaschinen bezeichnet. Man unterscheidet Einfadenwirkmaschinen und Kettenwirkmaschinen
/19/. Am Beispiel einer Einfaden-Flachwirkmaschine (Bauart

Cotton), z.B. zur Pulloverherstellung, sowie am Beispiel einer Flach-Kettenwirkmaschine, z.B. zur Gardinenherstellung, werden zwei verschiedenartige Wirkvorgänge erläutert.

<u>Einfaden-Flachwirkmaschinen</u> haben einen Arbeitsbereich, der in mehrere (meist 6 bis 8) Fonturen gleicher Größe unterteilt ist. Fonturen nennt man die Bereiche der Wirkmaschine, in denen gleichzeitig die gleichen Gewirke hergestellt werden. Derartige Wirkmaschinen arbeiten nach dem Prinzip der Kuliertechnik /19/. Kennzeichnend für diese Maschinen ist das Vorformen des Fadens um die Nadeln (Kulieren) und das anschließende gleichzeitige Ausbilden aller Maschen einer Reihe in den Gewirken.

Mittels Fadenführern werden für jede Wirkreihe die Fäden entsprechend Farbe und Form des Musters an die Nadeln gelegt (<u>Bild A2</u>). Die Nadeln (Spitzennadeln) sind senkrecht auf einer vertikal beweglichen Nadelbarre angeordnet. Die Kulierkurve (Rößchen) verfährt anschließend über die gesamte Breite des Gewirks, welches an den Nadeln hängt, und schiebt dabei eine Kulierplatine nach der anderen nach vorne. Dadurch werden die von den Fadenführern vorgelegten Fäden in Schleifen um die Nadeln gelegt. Daran anschließend beginnt die Durcharbeitungsphase, d.h., die neue Wirkreihe wird ausgebildet. Die Nadelbarre bewegt sich dabei nach unten und danach wieder nach oben. Die Schleifen gleiten zunächst unter die offenen Haken der Spitzennadeln. Nach weiterem Absenken der Nadeln werden diese gegen die sogenannte Preßkante bewegt, was das Schließen der Nadelköpfe verursacht und das Ziehen der Fäden durch die Maschenschleifen der vorherigen Wirkreihe ermöglicht.

Für das Gestalten der Außenkontur des Gewirks gibt es zwei spezielle Einrichtungen. Dies sind die Deckeinrichtung, um beispielsweise den Ärmelansatz durch Abnahme von Maschen zu gestalten (Mindern), und die V-Deckeinrichtung zur Bildung des V-Ausschnittes bei einem Pullover. Beide Einrichtungen bestehen jeweils aus zwei mechanisch gekoppelten Greifern. Diese können mit je einem kleinen Nadelrechen Maschen aufnehmen und versetzen.

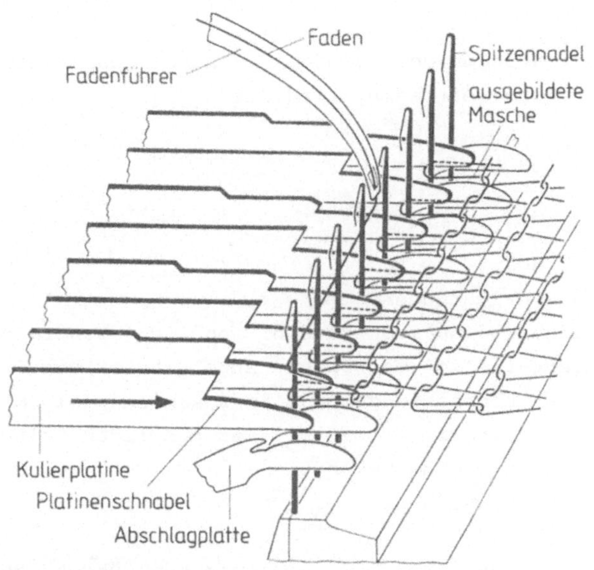

Bild A2: Prinzip des Einfaden-Flachwirkens /19/

Bei Einfaden-Flachwirkmaschinen werden Muster zum einen durch die Verfahrwege der Fadenführer und zum anderen durch spezielle Mustereinrichtungen zur Herstellung unterschiedlicher Bindungen, wie z.B. durch die Preßmustereinrichtung, erzeugt. Mit der Preßmustereinrichtung kann das Bindungselement Henkel (vgl. Abschn. Bindungen) gefertigt werden. Diese Einrichtung enthält eine drehbare Walze mit Stiften, die in Längsrichtung im Nadelabstand der Einfaden-Flachwirkmaschine angeordnet sind. Die Walze kann z.B. für 25 Drehstellungen angesteuert werden, so daß mit ihr 25 verschiedene Musterreihen gefertigt werden können. Je nach den Positionen der herzustellenden Henkel der Musterreihen müssen vor Beginn der Fertigung die

Stifte von der Walze entfernt werden. Eine Abzugseinrichtung sorgt schließlich für das kontinuierliche Abziehen des Gewirks, so daß ein Verfangen der Fäden in den Spitzennadeln nicht möglich ist.

Zu steuernde Einrichtungen bei Einfaden-Flachwirkmaschinen, die zur Musterfertigung beitragen, sind die
- Nadelbarre,
- Fadenführer,
- Kulierkurve,
- Deckeinrichtung,
- V-Deckeinrichtung und
- speziellen Mustereinrichtungen.
Die Bewegungen der Nadelbarre werden von der zentralen Betriebswelle (Exzenterwelle) mechanisch abgeleitet. Das Ansteuern der anderen Einrichtungen muß im Zusammenspiel mit den Bewegungen der Nadelbarre erfolgen. Das Ausbilden einer Maschenreihe dauert etwa eine Sekunde.

<u>Flach-Kettenwirkmaschinen</u> /2,3,20/ besitzen zum Führen der Kettfäden eine Vielzahl von Fadenlegern, sogenannte Lochnadeln. Diese sind auf einer Schiene (Legeschiene) geradlinig angeordnet. Die Mustervielfalt geht einher mit der Anzahl der Legeschienen. Die eigentlichen Nadeln einer Flach-Kettenwirkmaschine sind ebenfalls geradlinig in einer Nadelbarre angeordnet und werden gemeinsam bewegt. Ihre Bewegung wird von der Exzenterwelle abgeleitet. Jeder Nadel ist mindestens ein Fadenleger zugeordnet, der den Faden um die Nadel legt. Dazu wird die Legeschiene in ihrer Längsrichtung versetzt und in ihrer Querrichtung ausgelenkt. Die Maschen einer Maschenreihe werden gleichzeitig gebildet.

Zu steuernde Einrichtungen bei Flach-Kettenwirkmaschinen sind
- bis zu 78 Legeschienen, die durch Musterketten bzw. Musterräder zu seitlichen Versatzbewegungen gezwungen werden,
- die Exzenterwelle sowie

- die Warenabzugseinrichtung.

Manche Flach-Kettenwirkmaschinen arbeiten mit Jacquardmaschinen als Mustereinrichtungen. Solche Kettenwirkmaschinen besitzen z.B. nur drei Legeschienen, wobei die Lochnadeln einer Legeschiene mittels Verdrängerstiften, die mit Harnischschnüren verbunden sind, einzeln von der Jacquardmaschine (entsprechend wie bei der Jacquardweberei) selektiert werden können. Dadurch wird eine extrem hohe Mustervielfalt erreicht. Vereinzelt werden die Verdrängerstifte bzw. die Harnischschnüre durch Elektromagnete angesteuert /20/.

Stricken

Maschenbildende Maschinen, bei denen die Nadeln einzeln bewegt werden, nennt man Strickmaschinen /19/. Am Beispiel der Flachstrickmaschine soll die Stricktechnik kurz erläutert werden.

Die Nadeln werden in einem Nadelbett geführt und von einem Schloß bewegt. Flachstrickmaschinen besitzen einen symmetrischen Schloßaufbau, weil die Nadeln das Schloß in beiden Richtungen durchlaufen. Mit einem Schloß werden nicht nur die Nadeln, sondern auch die Nadelschieber und die sonstigen Hilfsteile bewegt und gesteuert. Die Grundausführungsform eines Schlosses (Bild A3) besteht aus
- einem schaltbaren Fangteil FT,
- einem schaltbaren Austriebsteil AT,
- zwei schaltbaren Abzugsteilen AZL und AZR sowie
- einem feststehenden Sicherungsteil S /19/.
Die einzelnen Schloßteile bilden den Schloßkanal, durch den die Füße der Nadeln (Zungennadeln) gleiten. Die Nadelbewegung wird, der Maschenbildung entsprechend, vom Schloß erzwungen, wenn der "Schlitten" mit dem Schloß entlang dem Nadelbett verfahren wird. Als Schlitten bezeichnet man den Träger der zum Bewegen der Nadeln und Fadenführer notwendigen Einrich-

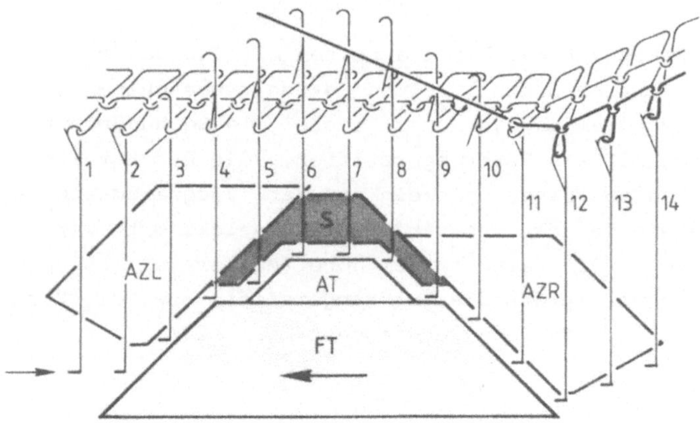

Bild A3: Maschenbildungsvorgang an einer Flachstrickmaschine für eine Bewegung des Schlosses von
rechts nach links /19/

tungen /21/.

Es gibt Schlitten, die 2, 4, 6 oder 8 Schlösser besitzen. Bei
Flachstrickmaschinen mit zwei zueinander geneigten Nadelbetten sind sie gleichmäßig auf das vordere und auf das
hintere Nadelbett aufgeteilt. Jedem Schloß kann während des
Strickens ein Fadenführer zugeordnet sein. Über Fadenführer-
Wechseleinrichtungen können nach einem Schlittenhub, also
nach Ausbilden einer Maschenreihe, die vom Schlitten mitbe-
wegten Fadenführer ausgetauscht werden.

Zu steuernde Einrichtungen bei einer Flachstrickmaschine für
die Musterherstellung sind
- der Schlitten,
- die schaltbaren Schloßteile zur Einzelnadelselektion,
- die Fadenführer,
- ggf. zwei Nadelbetten in Längsrichtung sowie
- der Warenabzug.

Wegen der Möglichkeit, einzelne Nadeln beim Stricken zu selektieren und auf zwei Nadelbetten zu stricken, können mit
Flachstrickmaschinen wesentlich mehr Mustervarianten realisiert werden als mit Einfaden-Flachwirkmaschinen. Allerdings
dauert bei Flachstrickmaschinen das Ausbilden einer Maschenreihe mindestens zwei- bis dreimal so lang wie bei Einfaden-
Flachwirkmaschinen, weil die Bewegungsgeschwindigkeit der
einzelnen Nadeln begrenzt ist.

<u>Bindungen</u>

Die Bindung bei Geweben kennzeichnet die Art der Verkreuzung
von Kettfäden und Schußfäden. Alle Gewebebindungen lassen
sich auf die drei Grundbindungen
- Leinwandbindung,
- Köperbindung und
- Atlasbindung
zurückführen (<u>Bild A4</u>) /22/. Die zeichnerische Darstellung
einer Bindung erfolgt auf kariertem Papier (Patronenpapier).

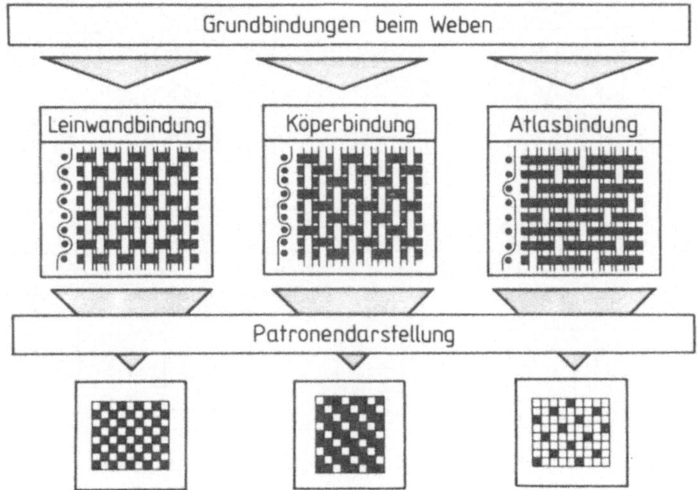

<u>Bild A4</u>: Darstellung der Grundbindungen beim Weben /17/

In der Textiltechnik wird eine derartige Bindungsmusterzeich-
nung Patrone genannt /23/. Die Kettfäden entsprechen hierbei
den Abständen der senkrechten Linien, die Schußfäden dagegen
den Abständen der waagrechten Linien. Ketthebungen sind im
Patronenpapier schwarz gezeichnet.

Die Bindung der Maschenwaren kennzeichnet den Zusammenhang
eines oder mehrerer Fäden in Flächengebilden. Es wird zwi-
schen den Bindungselementen
- Masche,
- Henkel (Fanghenkel),
- Flottung,
- Schußfaden und
- Stehfaden
unterschieden (Bild A5).
Diese Bindungselemente werden mit u.a. in DIN 62 061 /24/ ge-
normten Symbolen entsprechend dem Muster auf Patronenpapier
gezeichnet.

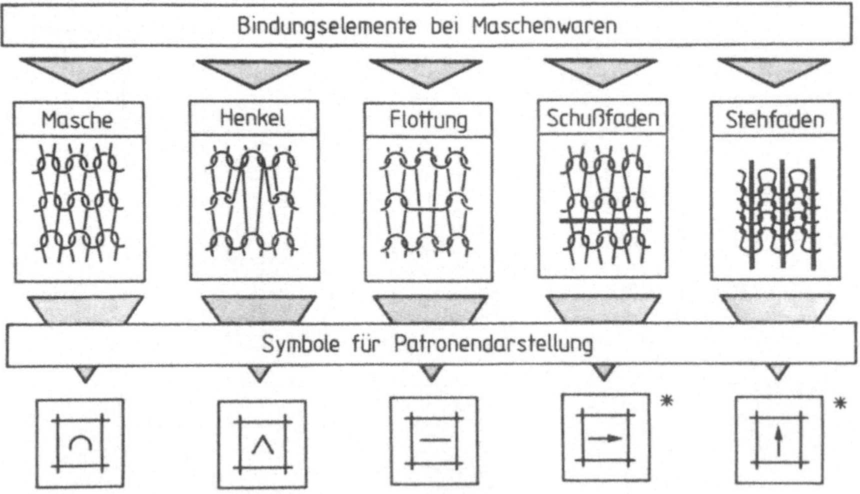

Bild A5: Darstellung der Bindungselemente bei Maschen-
         waren /19,24/
         (* nicht genormt)

Schrifttum

/1 / Opitz,W.

Rechnergestützte Musterung in
der Weberei.
VDI-Berichte 411, S.107 .. 111
Düsseldorf: VDI-Verlag 1981

/2 / Weber,K.-P.

Die Wirkerei und Strickerei.
Heidelberg: Melliand-Verlag 1981

/3 / N.N.

Multibar Raschelmaschinen für
Spitzenstoffe und Spitzenbänder.
Druckschrift Fa. LIBA Maschinen-
fabrik GmbH, Naila 1985

/4 / N.N.

Die Dornier-Webmaschine.
Druckschrift Fa. Dornier GmbH,
Lindau 1985

/5 / Milberg,J.;
     Reinhart,G.

Numerische Steuerung erhöht Fle-
xibilität von Mehrspindlern.
Europa Industrie Revue 18(1984)4,
S.24 .. 27

/6 / Warnecke,H.J.

Taylor und die Fertigungstechnik
von morgen.
wt-Z.ind.Fertig.75(1985)11,
S.669 .. 674

/7 / Stute,G.

Planung und Auswahl von Maschinen
und Systemen. System Werkzeugmaschine.
wt.-Z.ind.Fertig.73(1983)4,
S.199 .. 203

/8 / N.N.   Maschinennahe NC-Programmierung.
                           KfK-PFT-Ber.20, Karlsruhe: Kern-
                           forschungszentrum 1981

/9 / Schäch,W.   Musterentwicklung am Farbbildschirm
                           für Computer-Flachstrickmaschinen.
                           Melliand Textilberichte 67(1986)1,
                           S.39 .. 40

/10/ Iyer,C.   Steigerung der Produktivität und
                           Flexibilität durch Umrüstung von
                           Flachkulierwirkmaschinen.
                           Wirkerei- u. Strickereitechnik
                           35(1985)1, S.10 .. 15

/11/ Egbers,G.;   Wirkmaschinen - Trend der Entwick-
     Bühler,G.   lung in der Textilindustrie nach
                           der ITMA 83.
                           Wirkerei- u. Strickereitechnik
                           38(1984)6, S.460 .. 463,
                           38(1984)8, S.730 .. 732

/12/ Storr.A   Programmieren von NC-Werkzeugma-
                           schinen.
                           wt-Z.ind.Fertig. 73(1983)1, S.29
                           .. 39

/13/ Pritschow,G.   Integrationskonzepte für rechner-
                           unterstützte Produktionsstrukturen.
                           Produktionstechnisches Kolloquium
                           Berlin 1986, Vortragsband
                           S.90 .. 96

/14/ N.N.   CIM im praktischen Einsatz.
                           Markt u. Technik 10(1986)18,
                           S.120 .. 123

/15/ Stute,G. u.a.   Verteilte Steuerungseinrichtungen
                     für Fertigungssysteme (MPST-Mehr-
                     prozessor-Steuersystem).
                     KfK-PDV-Ber.192, Karlsruhe: Kern-
                     forschungszentrum 1980

/16/ Hesse,E.O.   ABC des Weberlehrlings.
                     Stuttgart: Konradin Verlag 1950

/17/ N.N.   Webereitechnik.
                     AUWI-Schriftenreihe,
                     Frankfurt: Deutscher Fachverlag,
                     1985

/18/ Ehrle,W.   Funktion und Arbeitsweise einer
                     modernen Greifer-Webmaschine.
                     Melliand Textilberichte 56(1975)8,
                     S.535 .. 538

/19/ N.N.   Maschentechnik.
                     Frankfurt: Arbeitgeberkreis -
                     Gesamttextil 1985

/20/ N.N.   Raschelmaschinen.
                     Druckschrift Fa. Industriewerke
                     Schauenstein GmbH,
                     Schauenstein 1985

/21/ DIN 62 125   Flachstrickmaschinen.
                     Berlin, Köln: Beuth Verlag 1983

/22/ DIN 61 101   Gewebebindungen.
                     Berlin,Köln: Beuth Verlag 1982

/23/ DIN 62 060   Gewirke und Gestricke, Patronen,
          Grundbegriffe.
          Berlin, Köln: Beuth Vertrieb 1966

/24/ DIN 62 061   Kuliergewirke und Gestricke.
          Berlin, Köln: Beuth Vertrieb 1966

/25/ DIN 61 106   System zur Bildung von Muster-
          rapporten.
          Berlin, Köln: Beuth Verlag 1983

/26/ N.N.   Textiles Gestalten.
          AUWI-Schriftreihe, Frankfurt:
          Deutscher Fachverlag 1985

/27/ Tafel,H.J.;   Ein- und Ausgabegeräte der Daten-
   Kohl,A.   technik.
          München: Carl Hanser Verlag 1982

/28/ Stute,G.   Steuerungstechnik der Werkzeug-
          maschinen.
          Vorlesungsmanuskript. Stuttgart 1980

/29/ N.N.   ELATEX-MULTI-System.
          Druckschrift Fa. Grosse GmbH,
          Neu-Ulm 1985.

/30/ N.N.   Patro-System.
          Druckschrift Fa. Dr.-Ing.R.Hell
          GmbH Kiel, Fa. Zangs Krefeld

/31/ N.N.   Computer Graphics for Cartography.
          Druckschrift Fa. Scitex Europe S.A.
          Brüssel 1985

/32/ Weber,R. u.a.   Entwurf eines automatisierten
                     Textilmusterateliers.
                     KfK-PDV 32. Karlsruhe: Kernfor-
                     schungszentrum 1975

/33/ Bächinger,T.   Patronieren und Weben in der Schaft-
                     weberei unter Verwendung von Mikro-
                     computern.
                     Internat.Textil-Bulletin 29(1983)3,
                     S.13 .. 30

/34/ Spur,G.;   CAD-Technik.
     Krause,F.-L.   München: Carl Hanser Verlag 1984

/35/ N.N.   Bedienungshandbuch ANVH-B.
                     Fa. Stoll, Reutlingen 1985

/36/ N.N.   Die Datenfestlegung MC-611.
                     Musterungsanlage MA-5500.
                     Druckschriften Fa. Universal
                     Maschinenfabrik GmbH,
                     Westhausen 1985.

/37/ N.N.   Programmieranleitung JET3F,JET3;
                     Bedienungsanleitung DUCAD I;
                     Programmieranleitung JET2F,JET2.
                     Fa.Dubied, Couvet/Schweiz 1985

/38/ N.N.   Flachstrickmaschinen - neues Pro-
                     grammierverfahren für Struktur-
                     muster.
                     Wirkerei- u. Strickereitechnik
                     35(1985)11, S.1050 .. 1051

/39/ Kümmerly,F.   Kriterien elektronisch gesteuerter
                          Flachstrickmaschinen.
                          Internationales Textil-Bulletin
                          32(1985)3, S.41 .. 48

/40/ Voss,K.;   Automatische Bildverarbeitung in
     Wenzelides,K.   der Medizin. AUTOBILD '81.
                          Tagungsbericht S.137 .. 151.

/41/ Kazmierczak,H.   Automatische Zeichenerkennung.
                          Taschenbuch der Informatik Bd.3,
                          S.219 .. 269; Berlin, Heidelberg,
                          New York: Springer Verlag 1974

/42/ Bolc,L.;   Digital Image Processing Systems.
     Kulpa,Z.   Berlin, Heidelberg, New York:
                          Springer Verlag 1981

/43/ Hellwig,U.;   Die Kopplung von CAD und CAM.
     Hellwig,H.-E.;   VDI-Z 125(1983)10, S. 355 .. 360
     Paulus,M.

/44/ IGES   Digital Representation for Com-
                          munication Product Definition Data,
                          American National Standard.
                          ANSI Y14.2617 - 1981

/45/ DIN 66 301   VDA-Flächenschnittstelle (VDAFS),
                          Version 1.0.
                          Berlin, Köln: Beuth Verlag 1983

/46/ Pritschow,G.   Steuerungstechnik der Werkzeug-
                          maschinen. Stuttgart. Vorlesung 1986

/47/ DIN 66 215   CLDATA.
                          Berlin, Köln: Beuth Verlag 1974

/48/ DIN 66 025   Programmaufbau für numerisch
                          gesteuerte Arbeitsmaschinen.
                          Berlin, Köln: Beuth Verlag 1982

/49/ DIN 66 257   Numerisch gesteuerte Arbeits-
                          maschinen. Begriffe.
                          Berlin, Köln: Beuth Verlag 1983

/50/ Frank,H.;   Erweiterte Programmiermöglichkei-
     Häberle,G.   ten für eine CNC-Wälzfräsmaschine.
                          Essen: Girardet-Verlag, HGF-Kurz-
                          berichte (Lose-Blatt-Sammlung)
                          85/63, 1985

/51/ N.N.   Part Programming Manual Mark Century
                          2000T.
                          Fa. General Electric 1985

/52/ von Zeppelin,W.   Rechnergestützte NC-Programmierung
                          und Betriebsorganisation.
                          ZwF 80(1985)8, S.336 .. 341

/53/ DIN 44 300   Informationsverarbeitung. (Entwurf)
                          Berlin, Köln: Beuth Verlag 1986

/54/ Grabowski,H.;   CAD/CAM-Schnittstellenproblematik
     Anderl,R.;   für den Anwender.
     Glatz,R.   wt-Z.ind.Fertig. 76(1986)4,
                          S. 212 .. 218

/55/ Mießen,W.;   Teileorientierte Programmierung
     Schuon,J;   von CNC-Verzahnmaschinen.
     Frank,H;   wt-Z.ind.Fertigung 74(1984)12,
     Häberle,G.   S.725 .. 727

/56/ Lay,G.;   Werkstattprogrammierung - ja oder
     Lemmermeier,L.   nein ?
                            VDI-Z 126(1984)17, S.595 .. 601

/57/ Wang,Z.L.   NC-Programmierung. Maschinen-
                            naher Einsatz von fertigungs-
                            technisch orientierten Program-
                            miersystemen.
                            ISW 47. Berlin, Heidelberg, New
                            York: Springer-Verlag 1983

/58/ Röhrle,J.;   Neue CNC-Funktionen durch zu-
     Möller,H.;   geschnittenes Grafiksystem.
     Schmidt,W.;   wt-Z.ind.Fertig. 75(1985)6,
     Viefhaus,R.   S. 359 .. 362

/59/ Busch,R.   BASIC-Lexikon.
                            München: Franzis-Verlag 1986

/60/ Herschel,R.   PASCAL.
     Piper,F.   München, Wien: R.Oldenbourg Verlag
                            1985

/61/ Wirth,N.   Compilerbau.
                            Stuttgart: B.G.Teubner 1984

/62/ Naur,P.   Revised report of the algorithmic
                            language ALGOL 60.
                            Numerische Mathematik 4(1963),
                            S.420 .. 453

/63/ Jordan-Engeln.G.   Numerische Mathematik für Ingenieure.
                            Mannheim, Wien, Zürich: Bibliogra-
                            phisches Institut 1978.

/64/ Weck,M.;   Das MPST-Softwaregeneriersystem.
     Storr,A. u.a.   Karlsruhe: Kernforschungszentrum,
                       Januar 1985

/65/ Götz,F.R.;   CNC für Textilmaschine.
     Maile,G.;   wt-Z.ind.Fertigung 75(1985)7,
     Gaukler,J;   S.405 .. 408
     Häberle,G;
     Walker,B.

ISW Forschung und Praxis

Berichte aus dem Institut für Steuerungstechnik der Werkzeugmaschinen und Fertigungseinrichtungen der Universität Stuttgart

Herausgegeben bis Band 57 von Prof. Dr.-Ing. G. Stute †
ab Band 58 Prof. Dr.-Ing. G. Pritschow

1   D. Schmid, Numerische Bahnsteuerung, 89 S., 1972

2   H. Schwegler, Fräsbearbeitung gekrümmter Flächen, 111 S., 1972

3   J. Eisinger, Numerisch gesteuerte Mehrachsenfräsmaschinen, 90 S., 1972

4   R. Nann, Rechnersteuerung von Fertigungseinrichtungen, 125 S., 1972

5   G. Augsten, Zweiachsige Nachformeinrichtungen, 140 S., 1972

6   B. Karl, Die Automatisierung der Fertigungsvorbereitung durch NC-Programmierung, 121 S., 1972

7   H. Eitel, NC-Programmiersystem, 117 S., 1973

8   E. Knorr, Numerische Bahnsteuerung zur Erzeugung von Raumkurven auf
rotationssymetrischen Körpern, 131 S., 1973

9   S. Bumiller, Viskohydraulischer Vorschubantrieb, 123 S., 1974

10   K. Maier, Grenzregelung an Werkzeugmaschinen, 139 S., 1974

11   J. Waelkens, NC-Programmierung, 159 S., 1974

12   E. Bauer, Rechnerdirektsteuerung von Fertigungseinrichtungen, 138 S., 1975

13   H. König, Entwurf und Strukturtheorie von Steuerungen für Fertigungseinrichtungen, 206 S., 1976

14   H. Damsohn, Fünfachsiges NC-Fräsen, 143 S., 1976

15   H. Jetter, Programmierbare Steuerungen, 141 S., 1976

16   H. Henning, Fünfachsiges NC-Fräsen gekrümmter Flächen, 179 S., 1976

17   K. Boelke, Analyse und Beurteilung von Lagesteuerungen für numerisch gesteuerte
Werkzeugmaschinen, 106 S., 1977

18   F.-R. Götz, Regelsystem mit Modellrückkopplung für variable Streckenverstärkung,
116 S., 1977

19   H. Tränkle, Auswirkungen der Fehler in den Positionen der Maschinenachsen
beim fünfachsigen Fräsen, 103 S., 1977

20   P. Stof, Untersuchungen über die Reduzierung dynamischer Bahnabweichungen
bei numerisch gesteuerten Werkzeugmaschinen, 118 S., 1978

21   R. Wilhelm, Planung und Auslegung des Materialflusses flexibler Fertigungssysteme,
158 S., 1978

22   N. Kappen, Entwicklung und Einsatz einer direkten digitalen Grenzregelung
für eine Fräsmaschine mit CNC, 123 S., 1979

23   H. G. Klug, Integration automatisierter technischer Betriebsbereiche, 124 S., 1978

24   D. Binder, Interpolation in numerischen Bahnsteuerungen, 132 S., 1979

50 W. Runge, Simulation des dynamischen Verhaltens elektrohydraulischer Schaltungen – Einsatz von geräteorientierten, universellen Simulationsbausteinen, 132 S., 1984

51 H. Steinhilber, Planung und Realisierung von Werkzeugversorgungssystemen für die NC-Bearbeitung, 126 S., 1984

52 R. Ohnheiser, Integrierte Erstellung numerischer Steuerdaten für flexible Fertigungssysteme, 115 S., 1984

53 M. Keppeler, Führungsgrößenerzeugung für numerisch bahngesteuerte Industrieroboter, 125 S., 1984

---

54 P. Kohler, Automatisiertes Messen mit NC-Werkzeugmaschinen, 129 S., 1985

55 K.-H. Rieger, Rechnerunterstützte Projektierung der Hardware und Software von speicherprogrammierten Steuerungen, 123 S., 1985

56 G. Vogt, Digitale Regelung von Asynchronmotoren für numerisch gesteuerte Fertigungseinrichtungen, 126 S., 1985

57 S. Chmielnicki, Flexible Fertigungssysteme – Simulation der Prozesse als Hilfsmittel zur Planung und zum Test von Steuerprogrammen, 120 S., 1985

58 W. Renn, Struktur und Aufbau prozeßnaher Steuergeräte zur Verkettung in flexiblen Fertigungssystemen, 137 S., 1986

59 K. Harig, Quantisierung im Lageregelkreis numerisch gesteuerter Fertigungseinrichtungen, 113 S., 1986

60 H. Frank, Programmier- und Überwachungsfunktionen für teileartbezogene NC-Werkzeugmaschinen, 115 S., 1986

61 H. Möller, Integrierte Überwachungs- und Diagnose-Systeme für numerische Steuerungen, 131 S., 1986

62 H. Fink, Einsatz speicherprogrammierbarer Steuerungen in der Fertigungstechnik, 126 S., 1986

63 J. Fleckenstein, Zustandsgraphen für SPS – Grafikunterstützte Programmierung und steuerungsunabhängige Darstellung, 139 S., 1987

64 E. Wagner, Steuerungen von Koordinatenmeßgeräten mit schaltenden und messenden Tastsystemen, 133 S., 1987

65 W. Grimm, Diagnosesystem für steuerungsperiphere Fehler an Fertigungseinrichtungen, 143 S., 1987

66 W. Swoboda, Digitale Lageregelung für Maschinen mit schwach gedämpften schwingungsfähigen Bewegungsachsen, 141 S., 1987

67 G. Gruhler, Sensorgeführte Programmierung bahngesteuerter Industrieroboter, 119 S., 19

68 B. Walker, Konfigurierbarer Funktionsblock Geometriedatenverarbeitung für numerische Steuerungen, 125 S., 1987

69 J. Mayer, Werkzeugorganisation für flexible Fertigungszellen und -systeme, 126 S., 1988

70 R. Lederer, Programmierung von NC-Drehmaschinen mit mehreren Werkzeugschlitten, 120 S., 1988

71 G. Häberle, NC-Musterprogrammierung für die rechnerintegrierte Textilfertigung, 127 S., 1988

Die Bände sind im Erscheinungsjahr und in den folgenden drei Kalenderjahren zu beziehen durch den örtlichen Buchhandel oder durch Lange & Springer. Otto-Suhr-Allee 26–28. 1000 Berlin 10.